原油管道调控运行原理与技术

CRUDE PIPELINE OPERATION AND CONTROL: MECHANISM AND TECHNOLOGY

李传宪　张志军　于　涛　编著

中国石油大学出版社

山东·青岛

图书在版编目(CIP)数据

原油管道调控运行原理与技术/ 李传宪,张志军,
于涛编著. --青岛:中国石油大学出版社,2022.5
ISBN 978-7-5636-6703-1

Ⅰ. ①原… Ⅱ. ①李… ②张… ③于… Ⅲ. ①原油管
道—油气输送—管理 Ⅳ. ①TE832.2

中国版本图书馆 CIP 数据核字(2021)第 007494 号

书　　名：原油管道调控运行原理与技术
　　　　　YUANYOU GUANDAO TIAOKONG YUNXING YUANLI YU JISHU
编　　著：李传宪　张志军　于　涛
责任编辑：秦晓霞(电话 0532-86983567)
封面设计：悟本设计
出 版 者：中国石油大学出版社
　　　　　(地址：山东省青岛市黄岛区长江西路 66 号　邮编：266580)
网　　址：http://cbs.upc.edu.cn
电子邮箱：shiyoujiaoyu@126.com
排 版 者：青岛友一广告传媒有限公司
印 刷 者：北京虎彩文化传播有限公司
发 行 者：中国石油大学出版社(电话 0532-86981531，86983437)
开　　本：787 mm×1 092 mm　1/16
印　　张：12
字　　数：309 千字
版 印 次：2022 年 5 月第 1 版　2022 年 5 月第 1 次印刷
书　　号：ISBN 978-7-5636-6703-1
定　　价：76.00 元

前 言
PREFACE

近年来中国由于自身经济发展及能源战略安全的需要,长输原油管道业务发展迅速,不仅建成并投用了四大能源通道,还完善了国内油田与炼厂之间的管道。这些新建原油管道具有全密闭输送、设备先进、自动化及通信水平高等特点,且均采用远程集中调控的管理模式。虽然长输原油管道调控技术和管理模式已得到较大提升,但在教学及运行管理过程中,尚缺少成体系的技术与理论支撑,缺乏对先进工程实际应用技术和管理模式的全面系统介绍。另外,生产数据可实现集中采集和存储是当前长输原油管道远程集中调控模式应用的前提,可为大数据分析和智能化调控提供研究、实施的数据基础。

本书着眼于建立长输原油管道远程调控理论体系,结合笔者多年的理论研究成果及丰富的工程实践经验,进行完善和拓新,对长输原油管道从设计至投产,以及日常管理运行过程中涉及的技术、理论等进行介绍,力求将理论知识与工程实际相结合,突出管道调控运行管理中的原理与实用技术,同时介绍管道大数据应用及智能化控制等内容,提高本书的技术前瞻性。

全书共分为6章。第1章介绍原油物性和管道基本水力、热力学知识;第2章结合工程实际,介绍原油管道输送工艺与设备;第3章对原油管道运行调节与控制进行系统性分析;第4章介绍SCADA系统与专家系统等前沿研究,主要包括SCADA系统构成和数据采集与应用等;第5章介绍输油管道仿真、清管、内外检测、泄漏检测等技术;第6章结合多年研究与运行经验,介绍原油管道投产管理、完整性管理、运行分析等知识,拓宽读者视野。

本书在编写过程中得到了昆仑数智科技有限责任公司刘丽君、国家管网集团油气调控中心陈泓君的大力支持,在此表示感谢。

由于水平有限,本书在内容选择和编写上难免有不妥之处,敬请读者批评指正。

编著者
2022 年 5 月

目 录
CONTENTS

第1章

原油管道输送基础

1.1 原油的组成、分类及性质

石油是一种从地下开采出来的具有可燃性的黏稠液体。未经加工的石油称为原油。原油是由具有多种成分和性质的组分构成的复杂混合体系,通常处于流动或半流动状态,原油的颜色取决于各构成组分所占的比例。原油一般为黑色,但也有暗黑、暗绿、暗褐、赤褐色,甚至呈浅黄色或无色。

1.1.1 原油的组成

原油主要由碳、氢、硫、氮、氧 5 种元素组成[1]。原油中碳的含量(质量分数)为 83%～87%,氢的含量为 11%～14%,两者合计为 96%～99%,硫、氮、氧 3 种元素的总含量为 1%～4%。此外,原油中还含有微量的铁、镍、铜、钒、砷、氯、磷、硅等元素。上述元素大多以有机化合物的形式存在于原油中。这些有机化合物又分为烃类化合物和非烃类化合物,其中烃类化合物主要包括烷烃、环烷烃和芳香烃,非烃类化合物主要包括胶质和沥青质。

烷烃:原油的主要成分,碳链属直链结构的称正构烷烃,带侧链或支链结构的称异构烷烃。在常温常压下,烷烃的化学性质不活泼,因而稳定性好,在储存过程中不易发生氧化变质。

环烷烃:饱和的环状化合物,且碳原子数越少越不稳定。一般原油中的环烷烃主要是环戊烷和环己烷结构。

芳香烃:分子中带有苯环结构的烃类化合物,在常温常压下呈液态或固态,其密度较大,沸点较高。

非烃类化合物:原油中除含碳、氢元素以外,还含有硫、氮、氧的化合物。一般把石油中不溶于非极性的小分子正构烷烃而溶于苯的物质称为沥青质,它是石油中相对分子质量最大、极性最强的非烃组分。胶质是石油中相对分子质量及极性仅次于沥青质的大分子非烃类化合物,有较强的分散性。

原油在一定条件下可溶解一定量的天然气,有时含有部分氮气和少量二氧化碳。原油中溶解天然气可降低原油的黏度和密度,增大原油的压缩系数。

1.1.2　原油的分类

世界各地所产原油,其化学组成和物理性质或差异很大,或极其相似。其中,对于组成和性质相似的原油,开采、输送和加工方案可类似,以便合理利用资源,提高经济效益。依据组成和物理性质对原油进行分类,有助于合理安排原油的储存、输送、加工和销售。由于原油的组成和物理性质过于多样化,所以至今没有一种公认的标准原油分类方法。本书重点介绍的是行业内广泛采用的化学分类法和商品分类法。

1.1.2.1　化学分类法

化学分类法是根据原油的化学组成,通常采用原油中某几个与化学组成有直接关系的物理性质作为分类依据,分为特性因数分类法和关键馏分特性分类法,最常用的是关键馏分特性分类法。

关键馏分特性分类法是在特定的简易蒸馏设备中,把原油按规定条件进行蒸馏,分馏出 150~275 ℃和 395~524 ℃两个关键馏分,分别测定两个关键馏分的密度,并确定其基属,最终根据表 1-1 确定原油的类别。

表 1-1　按关键馏分特性分类法划分的原油类别

原油类别	第一关键馏分	第二关键馏分
石蜡基	石蜡基	石蜡基
石蜡-中间基	石蜡基	中间基
中间-石蜡基	中间基	石蜡基
中间基	中间基	中间基
中间-环烷基	中间基	环烷基
环烷-中间基	环烷基	中间基
环烷基	环烷基	环烷基

1.1.2.2　商品分类法

商品分类法又称为工业分类法,按原油的某一种性质进行分类,是化学分类法的补充,在国际石油市场上广泛采用。

(1) 按相对密度分类。

原油的相对密度对其开采、储运和加工成本的影响很大。在国际石油市场上,原油按质论价,相对密度是反映其质量的一个重要指标。常用的计价标准是按 API° 分类和含硫量分类。API° 分类标准见表 1-2。

表 1-2　API° 分类标准

原油类别	API°	15 ℃密度/(g·cm⁻³)	20 ℃密度/(g·cm⁻³)
轻质原油	>34	<0.855	<0.851
中质原油	20~34	0.855~0.934	0.851 1~0.930
重质原油	10~20	0.934~0.999	0.930~0.996
特重原油	<10	>0.999	>0.996

（2）按硫含量分类。

原油中的硫含量对其炼制加工及应用有不利影响。原油交易或者输送时,需根据硫含量进行分类。硫含量分类标准见表1-3。

表 1-3　含硫量分类标准

质量分数/%	≤0.5	0.5～2.0	>2.0
原油类别	低　硫	含　硫	高　硫

（3）按蜡含量分类。

原油中蜡含量的高低对原油的开采、储运影响很大,且蜡是重要的化工资源,可以制成一系列日常生活用品。原油按照含蜡量进行分类,其标准见表1-4。

表 1-4　含蜡量分类标准

质量分数/%	0.5～2.5	2.5～10.0	>10.0
原油类别	低含蜡	含　蜡	高含蜡

目前我国主要采用美国矿务局提出的关键馏分特性分类法,同时附加硫含量指标。

1.1.3　原油的理化性质

油品的性质同它们的化学组成及结构特点密切相关。油品的主要物理化学性质如下。

1.1.3.1　蒸气压、馏程与初馏点

在输送和储存过程中,油品蒸发会引发很多问题。例如,油品中轻组分大量蒸发降低了油品质量,增大了油品蒸发损耗等。油品的蒸发性能通常用蒸气压、馏程、初馏点等性质来表示。

在一定温度下,液体同其液面上方蒸气呈平衡状态时所产生的压力称为饱和蒸气压,简称蒸气压。蒸气压的高低表明液体中分子汽化或蒸发的能力,同一温度下蒸气压高的液体比蒸气压低的液体更容易汽化。

和其他纯物质一样,纯烃的蒸气压随着温度的升高而提高。在实际应用中,通常采用一些经验或半经验的公式及图表来求取纯烃的蒸气压,常用的有考克斯图等。但原油属于烃类混合物,与纯烃不同,其液相组成不是固定不变的,它不仅是温度的函数,也与汽化率有关。原油中单体烃的含量无法用具体公式计算,一般用标准设备按照规定的条件和操作方法进行测量。

对于液态纯物质,饱和蒸气压等于外压时的温度称为该液体在该外压下的沸点,是一个确定的值。但是,对于石油馏分这类组分复杂的混合物,一般常用沸点范围来表征其蒸发和汽化性能。石油馏分的沸点范围即馏程。按照标准,蒸馏过程中馏出第一滴冷凝液时的气相温度称为初馏点。

1.1.3.2　闪点

原油是极易着火爆炸的物质,研究与油品着火、爆炸燃烧相关的性质对原油的储存、输送、加工和使用的安全性有非常重要的实际意义、

闪点是在规定条件下加热油品时,逸出的油蒸气与空气形成的混合气与火焰接触时

能发生瞬间闪火时的最低温度。油品闪点与油品沸点有关,沸点愈低的油品,其闪点也愈低,安全性愈差;除此之外,化学组成也有影响,如黏度相同的油品,含石蜡较多者,闪点较高,而由环烷基所组成的油品闪点较低。

闪点是油品的安全性指标。可燃液体的危险等级可根据其闪点进行划分。重质原油中混入极少量的低沸点油品,闪点就会大大降低。原油因闪点很低,被列入一级可燃品。从安全角度来说,在比闪点低 17 ℃左右的温度倾倒油品才较安全。

1.1.3.3 密度、相对密度与 API°

单位体积内所含物质的质量叫密度。我国规定油品在 20 ℃时的密度为其标准密度,以 ρ_{20} 表示;在其他温度下测得的密度称为视密度,用 ρ_t 表示。

油品的相对密度是油品密度与规定温度下水的密度之比。由于 4 ℃纯水的密度近似为 1 g/cm³,所以常以 4 ℃的水作为比较的基础,用 d_4^t 表示。相对密度在数值上等于 t ℃时油品的密度。我国常用的相对密度为 d_4^{20},欧美各国则常用 $d_{15.6}^{15.6}$ 表示,二者之间可按下式进行换算:

$$d_{15.6}^{15.6} = d_4^{20} + \Delta d \tag{1-1}$$

式中　Δd——修正值。

欧美各国还常用 API°来表示油品尤其是原油的相对密度。API°与相对密度的关系为:

$$API° = \frac{141.5}{d_{15.6}^{15.6}} - 131.5 \tag{1-2}$$

温度升高,油品受热膨胀,体积增大,密度减小,相对密度减小。液体受压后体积变化很小,通常压力对液体油品密度的影响可以忽略,只有在几十兆帕的极高压力下才考虑压力的影响。

石油中各馏分的密度随其沸程的升高而增大,一方面是由于相对分子质量增大,另一方面是由于较重的馏分中芳香烃的含量一般较高。减压渣油因为含有较多的芳香烃(尤其是多环芳香烃),且含有较多的胶质和沥青质,所以密度最大,相对密度接近甚至超过 1.0。

1.1.3.4 黏度

黏度是评价原油和原油流动性能的指标。在原油流动过程中,黏度对流量和阻力有非常大的影响[2]。

油品黏度反映了原油内部分子间的相互作用,因而与分子的大小、结构和极性等有关。黏度随油品馏程升高、密度增大而迅速升高。相对分子质量相近(碳数相同)的烃类,环状结构分子的黏度大于链状结构分子的黏度,且环数越多,黏度越大,因此,分子中的环状结构可以看成是黏度的载体。

油品黏度随温度的升高而迅速降低,随压力的升高而逐渐增大。油品黏度随温度变化的性质称为原油的黏温性能。黏温性能好的油品,其黏度随温度变化而改变的幅度较小。

工程中常用的黏度分为动力黏度和运动黏度。

1) 动力黏度

动力黏度是稳态层流流动中的剪切应力与剪切速率之比,即 $\mu = \tau/\dot{\gamma}$,单位为 Pa·s 或

mPa·s。

2）运动黏度

运动黏度是动力黏度与同温度下的密度 ρ 之比,用符号 ν 表示,即 $\nu=\mu/\rho$,单位为 m^2/s 或 mm^2/s。

生产实际中多使用动力黏度进行原油黏稠程度的对比和摩阻损失的计算。

液体的黏性来源于分子间引力,随着温度的升高,分子间的距离加大,分子间引力减小,内摩擦减弱,黏性减弱。原油的黏度与温度的关系十分密切,在常温、常压下,当温度变化1℃时,原油的黏度变化达百分之几至十几。黏度与温度的关系一般呈非线性。温度越低,黏温关系越密切,即随着温度降低,黏度受温度的影响越来越大。黏度随温度变化的程度还与物质的化学组成、黏流活化能、黏度大小等诸多因素相关,例如黏度越大的液体随温度变化的程度越大。此外,原油的黏度也会随着压力的增大而增大,但是压力的变化对气体黏度的影响更大,这是由于气体的压缩性强。

1.1.3.5 凝点、倾点

低温性能是原油重要的质量指标,直接影响原油的输送、储存和使用条件。由于测定方法不同,油品低温性能有多种评定指标,如浊点、结晶点、凝点、倾点等,其中凝点、倾点是原油储运过程中较为常用的评定指标。

油品的凝点是在标准规定的试验条件下,油品冷却到液面不移动时的最高温度。凝点是原油、柴油和润滑油的重要低温指标。

原油的倾点是在标准规定试验条件下,油品冷却时能够继续流动的最低温度。由于它比凝点能更好地反映油品的低温性能,所以被作为国际标准。我国已开始采用倾点,并逐渐取代凝点作为油品的质量指标。

油品的凝点和倾点与其化学组成有关。油品的沸点越高,其凝点和倾点越高。

1.1.3.6 比热容、导热系数

原油的比热容和导热系数是进行热力计算所需的主要物性参数。

1）比热容

液态原油的比热容随温度的升高而缓慢上升,其计算方法如下:

$$c_y = \frac{1}{\sqrt{d_4^{15}}}(1.687 + 3.39 \times 10^{-3}T) \tag{1-3}$$

式中　c_y——油品比热容,kJ/(kg·℃);

　　　d_4^{15}——油品在15℃的相对密度;

　　　T——油品温度,℃。

当油温低于含蜡原油的析蜡温度时,蜡晶析出,放出结晶潜热,因比热容中包含了液相的 c_y 及结晶潜热,上述线性公式不再适用。不同的原油或同种原油在不同的温度范围内其变化情况也有所不同。

2）导热系数

液态原油的导热系数随温度的变化而变化,计算方法为:

$$\lambda_y = 0.137(1 - 0.54 \times 10^{-3}T)/d_4^{15} \tag{1-4}$$

式中　λ_y——油品在温度 T 的导热系数,W/(m·℃);

　　　T——油品温度,℃;

d_4^{15}——油品在 15 ℃的相对密度。

原油在管输条件下的导热系数在 0.1～0.16 W/(m·℃)之间，一般计算时取 0.14 W/(m·℃)。油品半固态时的导热系数比液态时的大，如石蜡的平均导热系数可取 2.5 W/(m·℃)。

1.1.4 原油的流变性

1.1.4.1 牛顿流体与非牛顿流体

牛顿内摩擦定律给出了黏度与内摩擦力之间的定量关系。

如图 1-1 所示，两个平行平板间充满液体，下板固定不动，施加一恒定力于上板，使其做平行于下板的匀速运动，此时介于两平板之间的液体也由静止变成运动状态。紧贴上板的液体附着在上板上，与其等速向前运动，最下层的液体贴着下板不动，中间的液体由上向下速度减缓，形成如图 1-1 所示的速度分布。

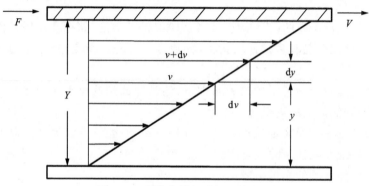

图 1-1 液体在平行平板间的流动

设相邻流层之间的接触面积为 A，距离为 $\mathrm{d}y$，速度差为 $\mathrm{d}v$，则流体的黏性力为：

$$F = \mu A \frac{\mathrm{d}v}{\mathrm{d}y} \tag{1-5}$$

式中 F——内摩擦力(又称黏性力)，N；

A——流层间的接触面积，m^2；

$\dfrac{\mathrm{d}v}{\mathrm{d}y}$——速度梯度，$\mathrm{s}^{-1}$；

μ——流体的动力黏度，Pa·s。

由于 $\tau = F/A$，$\dot{\gamma} = \dfrac{\mathrm{d}v}{\mathrm{d}y}$，所以式(1-5)亦可以写成如下形式：

$$\tau = \mu \dot{\gamma} \tag{1-6}$$

式中 τ——剪切应力，$\tau = F/A$，Pa；

$\dot{\gamma}$——剪切速率，$\dot{\gamma} = \dfrac{\mathrm{d}v}{\mathrm{d}y}$，$\mathrm{s}^{-1}$。

式(1-5)或式(1-6)称为牛顿内摩擦定律或牛顿定律。凡符合牛顿内摩擦定律的流体称为牛顿流体，反之则称为非牛顿流体。牛顿流体的剪切应力与剪切速率呈正比，剪切应力与剪切速率的比值为常数，即动力黏度；非牛顿流体的剪切应力与剪切速率之间无正比关系，即剪切应力与剪切速率的比值不是常数。

1.1.4.2　非牛顿流体类型

流变性不符合牛顿内摩擦定律的流体为非牛顿流体。非牛顿流体又包括多种不同的种类,下面简要介绍石油行业常用的非牛顿流体类型。

1) 假塑性流体

在简单剪切流场中的假塑性流体,受很小的外力作用即开始流动。但剪切速率对剪切应力的响应是非线性的,即随着剪切速率的增加,剪切应力的增加率下降。工程上常用幂律方程描述假塑性流体的流变性,其表达式为:

$$\tau = K\dot\gamma^n \tag{1-7}$$

式中　　K——稠度系数(或称幂律系数);

　　　　n——流变行为指数(或幂律指数)。

对于假塑性流体,n 是小于 1 的正数。当 $n=1$ 时,式(1-7)即还原成牛顿流体方程。

为了能把非牛顿流体的黏稠程度与牛顿流体的动力黏度做比较,引入表观黏度的概念。把表观黏度定义为剪切应力与对应剪切速率之比,即

$$\mu_{\mathrm{ap}} = \tau/\dot\gamma \tag{1-8}$$

以幂律方程描述假塑性流体时,其表观黏度表达式为:

$$\mu_{\mathrm{ap}} = K\dot\gamma^{n-1} \tag{1-9}$$

2) 宾汉姆流体

这是一种以科学家 Bingham 命名的非牛顿流体,在某种程度上是一种理想化的流体。这种流体需要有一定的外力作用才能开始流动,当外力超过初始应力之后,剪切速率对剪切应力之间的响应才呈线性关系。

宾汉姆流体的模式方程为:

$$\tau = \tau_{\mathrm{B}} + \mu_{\mathrm{B}}\dot\gamma \tag{1-10}$$

式中　　τ_{B}——屈服应力,Pa;

　　　　μ_{B}——宾汉姆黏度,Pa·s。

用下式表示其表观黏度:

$$\mu_{\mathrm{ap}} = \frac{\tau_{\mathrm{B}} + \mu_{\mathrm{B}}\dot\gamma}{\dot\gamma} \tag{1-11}$$

τ_{B} 是使体系产生流动所需的最小剪切应力,即使流体产生大于零的剪切速率所需的最小剪切应力,称之为屈服值。屈服值的大小主要取决于体系所形成的类似固体结构的空间网络结构的性质。

凡是具有屈服值的流体均称为塑性流体,外力为克服其屈服值而产生的流动称之为塑性流动。

3) 屈服-假塑性流体

当外力大于某个值时,流体才发生流动,但流动发生后,剪切速率对剪切应力的响应是非线性的,表现出这种特性的流体称之为屈服-假塑性流体。

屈服-假塑性流体没有简单的理论性流变模式,任何适用于假塑性流体的经验方程经修改后都可应用于屈服-假塑性流体。

$$\tau = \tau_{\mathrm{R}} + K\dot\gamma^n \tag{1-12}$$

式中，τ_R、K、n 都是流体的特征参数，τ_R 代表屈服值。

4）膨胀性流体

膨胀性流体的流变方程也有很多形式，工程上常用的也是幂律形式的方程，即

$$\tau = K\dot{\gamma}^n \tag{1-13}$$

但其中的幂律指数 $n > 1$，表观黏度的计算公式为：

$$\mu_{ap} = K\dot{\gamma}^{n-1} \tag{1-14}$$

该流体一旦受力就有流动，但剪切应力与剪切速率不成比例。随着剪切速率的增大，剪切应力的增加速率越来越大，即表观黏度随剪切速率的增加而增大。

1.1.4.3　非牛顿流体的性质

1）剪切稀释性

有些流体，随着剪切速率的增加，表观黏度逐渐减小，流体的这种性质称为剪切稀释性。对于假塑性流体，n 是小于 1 的正数，由表观黏度的表达式（1-9）可知，其表观黏度随剪切速率的增加而减小，因而呈现剪切稀释性，且 n 越偏离 1，剪切稀释性越强。

2）剪切增稠性

有些流体，随着剪切速率的增加，表观黏度逐渐增大，将流体的这种性质称为剪切增稠性。对于膨胀性流体，$n > 1$，由表观黏度的表达式（1-14）可知，其表观黏度随剪切速率的增加而增大，因而呈现剪切增稠性，且 n 越偏离 1，剪切增稠性越强。

3）触变性

在剪切应力的作用下，表观黏度连续下降，并在应力消除后又逐渐恢复，流体的这种性质称为触变性。例如，低于某温度下的含蜡原油是一种天然的触变性流体，研究它的触变特征对管输含蜡原油的工艺设计和生产管理有重要意义。

触变性流体的表观黏度随时间的变化表现为两种趋势：

一是流体的表观黏度随剪切时间而下降。恒温且静置的触变性流体，在恒定剪切速率下，测得流体的剪切应力随时间连续下降，即其表观黏度随剪切时间而下降；恒温触变性流体，虽已产生与恒定的低剪切速率相应的剪切流动，但若改变为恒定高剪切速率测试，则所对应的剪切应力还会随时间而下降，即其表观黏度仍会随剪切时间而下降。

二是流体的表观黏度随剪切时间而上升。经历剪切的流体，恒温且静置后，其表观黏度将随静止时间而上升；在恒温下，触变性流体已产生与特定高剪切速率相应的剪切流动，当改换为恒定低剪切速率测定时，其表观黏度也会随剪切时间而连续上升，表现为动态结构恢复性。

4）黏弹性

有些流体，在定常剪切流场中的外力作用下发生形变或流动，当外力消除时，它的形变完全或部分恢复到原来的状态，这种既具有与时间有关的非牛顿流体的全部流变性质，又具有部分弹性恢复效应的性质称为流体的黏弹性。黏弹性流体是处于纯黏性流体和纯弹性固体之间的一类物料，像典型的高分子溶液就具有较强的黏弹性，表现为流体具有爬杆现象、挤出胀大现象、同心套管轴向流动现象、回弹现象、无管虹吸现象等特殊的流变现象。原油只有在胶凝状态下才具有明显的黏弹特性。

1.1.4.4　含蜡原油流变性随温度的变化关系

大多数原油是一种复杂的稳定胶体分散体系。其中，分散相是以沥青质为核心，以附

于它的胶质为溶剂化层而构成的胶束;分散介质主要由液态油和部分胶质组成。

对含蜡原油来说,原油中蜡的溶解度对温度的依赖性很强,在较高的温度下,蜡晶基本能够溶解在原油中。当降至某一温度时,原油中溶解的蜡达到饱和,相对分子质量大的蜡首先结晶析出。在常温下,原油中往往会有较多的蜡结晶析出。这些蜡晶或蜡晶絮凝体的大小处于胶体或粗分散体的尺寸范围,因此,大量的蜡晶析出使得含蜡原油成为以蜡晶为主要分散相的胶体分散体系或固液悬浮体系。含蜡原油中的蜡在常温下以片状或细小针状结晶析出,且蜡晶的形状很不规则,表面积较大,对液态油有亲液性质,蜡晶之间的范德华引力也容易使蜡晶之间形成絮凝体结构,从而使含蜡原油在蜡晶析出量很少的温度下就成为结构性溶胶体系,表现出非牛顿流体特性。

随着温度的进一步降低,蜡晶的浓度逐渐增大,原油内部的胶体结构越来越复杂,非牛顿流体性质越来越强。当蜡晶浓度增大到一定程度时,絮凝的蜡晶则发展成为蜡晶的三维空间网络结构,而液态油则被嵌固在蜡晶之间,原油产生结构性凝固,成为凝胶体系,从而失去流动性。凝胶状态下的含蜡原油称为凝胶原油和胶凝原油,其非牛顿流体特性更强。尽管胶凝原油整体上失去流动性,但其中的绝大多数组分仍为液态,蜡晶的空间网络结构一旦被破坏,原油又会变成溶胶体系而具有流动性。

原油的流动性质特别是非牛顿流变性质主要取决于原油的内部结构,而内部结构因素如蜡晶浓度、蜡晶尺寸与形状、蜡晶聚集状态、沥青质胶团结构,以及液态油的相对含量等又与原油所处的温度状态有直接的关系。因此,随着温度的降低,含蜡原油的流变性越来越复杂。研究表明,不同油田的含蜡原油,其组成和物性尽管不同,但流变性规律有许多相似之处。在工程实用温度范围内,按油温从高到低的变化,参照原油在该热历史下测得的凝点 T_z,大体可把含蜡原油的流变性归纳为三种流变类型。

1) 牛顿流体类型

当温度 $T > T_z + (10 \sim 15\ ℃)$ 时,原油中的蜡晶基本上全部溶解,虽有少量的蜡晶及沥青质、胶质的胶体粒子,但浓度很低,且处在高度分散状态,可视为很稀的细分散体系,在这一温度范围内原油的流变性服从牛顿内摩擦定律,称为牛顿流体。

2) 假塑性流体类型

当油温 T 处于 $T_z + (2 \sim 4\ ℃) < T < T_z + (10 \sim 15\ ℃)$ 的范围时,随油温的降低,蜡晶的析出量增大,沥青质、胶质组成的胶体颗粒的体积增大,外相的相对体积减小,内相的浓度增大,含蜡原油成为浓分散体系,并形成蜡晶以及沥青质胶团的絮凝结构。在剪切过程中,外力的作用对体系内部物理结构产生影响,使蜡晶絮凝结构遭受不同程度的破坏,以及使颗粒取向等。此时,含蜡原油的主要流变性特点是:

(1) 触变性,即在一定的剪切速率作用下,原油表观黏度随剪切时间的增加而减少,直至达到动平衡状态。测温越低,触变性越强。

(2) 剪切稀释性,即从低到高改变剪切速率,分别测定每个剪切速率对应的动平衡剪切应力,会发现剪切应力与剪切速率之间呈非线性关系,并且随着剪切速率增大,表观黏度减小。

(3) 原油的黏稠程度可用表观黏度表示,它是温度、剪切速率和剪切时间的函数。

3) 屈服-假塑性流体类型

当含蜡原油的温度处于 $T < T_z + (2 \sim 4\ ℃)$ 的范围,即处在凝点附近或更低的温度时,由于蜡晶的析出量进一步增多,分散相浓度增大,颗粒之间的相互作用增大,从而开始

连成空间网络,成为连续相,而液态油则被分割吸附在蜡晶的空间网络结构之中,使原油总体上由溶胶状态转变为凝胶状态而失去流动性。此时的原油流变性有如下特点:

(1)在较小的外力作用下,胶凝原油不流动,而是产生有限变形(弹性的、塑性的或黏弹性的)。原油具有一定的屈服值,当外力达到某一值时,原油才开始流动,表现出屈服现象。温度越低,原油的屈服值越大。

(2)具有明显的触变性。特别是在初次对胶凝原油剪切时,原油屈服后,结构的裂降很快,在恒剪切速率下,剪切应力或表观黏度随剪切时间下降幅度较大,且达到动平衡时的时间也较长。

(3)具有较强的剪切稀释性。

(4)表观黏度是温度、剪切速率和剪切时间的函数。

1.1.4.5　非牛顿含蜡原油的历史效应

含蜡原油的流变性不仅取决于原油的组成,尤其是蜡、胶质、沥青质及轻组分的相对含量,而且与测量时的温度密切相关,例如在不同的温度区间,含蜡原油对应几个不同的流变体类型,具有不同的流变性。另外,大量研究表明:含蜡原油的非牛顿流变性还依赖于原油所经历的各种历史,如热历史、冷却速率大小、剪切历史、老化情况等,因为这些外部因素能对含蜡原油的内部结构,特别是蜡晶结构产生较大的影响,所以这一特点被称为非牛顿含蜡原油的历史效应。

1)热历史的影响

热历史是指原油在某一特定流变性表现之前所经历的温度及其变化过程,包括加热温度、重复加热时长和次数、温度回升速度等。

(1)加热温度的影响。

不同的加热温度对原油的低温流变性有不同的影响。原油中的蜡与胶质、沥青质含量比适中(如在0.8~1.5之间)的含蜡原油,都有一个使其低温流变性最佳的最优加热温度范围和一个使其流变性最差的最差加热温度范围。

最优加热温度一般为能使原油中的蜡晶特别是石蜡的蜡晶全部溶解,胶质、沥青质充分游离分散的温度,因为只有这样,才能消除以前各种热历史、剪切历史等对原油内部蜡晶结构的影响,充分激发胶质、沥青质的活性,为原油在低温下重新结晶并形成良好的流变体结构创造必要的前提条件。

(2)重复加热和重复加热次数的影响。

对某些含蜡原油,当重复加热温度仍为原油的最优加热温度时,含蜡原油的低温流变性基本不受重复加热的影响。但若重复加热或温度回升的温度不够高,则重复加热会造成原油的历史性复杂,尤其是回升温度在原油的析蜡高峰区时,更易恶化原油的低温流变性。即使重复加热温度相同,重复加热次数对原油的低温流变性也有不利影响,重复加热次数越多,原油的低温流变性恶化越厉害。

2)冷却速度的影响

含蜡原油在高温下的冷却过程中,蜡的饱和度下降,蜡将以结晶的形式析出长大,但要经过两个步骤:一是晶核的形成,二是在晶核上蜡析出长大。冷却速度的不同将影响晶核的生成速度和蜡晶的生长速度。

一般在较小的原油冷却速率下,蜡的溶解度缓慢下降,晶核的生成速度很小,而蜡晶的生长速度较大,并且胶质、沥青质也有充分的时间与蜡晶相互共晶、吸附,这样原油中最终形成的蜡晶数目少,蜡晶体积大。这种蜡晶比表面积小的原油,低温流变性较好。

在较大的冷却速率下,蜡的溶解度下降很快,而原油中的蜡分子浓度相对下降比较慢,这样蜡分子在溶液中的过饱和浓度较大,晶核的生成速度比蜡晶的生长速度大,同时胶质、沥青质来不及与蜡晶充分作用来改善蜡晶的结构状态,最终在原油中形成众多的细小结晶,其比表面积较大,导致低温下形成致密的蜡晶结构,使原油的低温流变性恶化,因而存在一个最优冷却速度。

冷却速度对含蜡原油低温流变性的影响有如下特点:

(1) 在高于析蜡点的温度范围内,冷却速度对原油的低温流变性没有影响,因为冷却速度对含蜡原油低温流变性的影响是通过影响蜡晶的析出性能实现的。

(2) 不同的含蜡原油其组成不同,流变性对冷却速度的敏感程度也不同。

(3) 同一种含蜡原油,由于蜡分子大小分布不同、含量不同,蜡的溶解度也随温度变化,因此不同的温度区间对冷却速度的感受性不同。

(4) 一般经最优温度加热的含蜡原油的低温流变性对冷却速度的敏感性最强。

(5) 大量室内实验结果表明,冷却速度控制在 $0.5 \sim 1$ ℃/min 有利于含蜡原油低温流变性的改善。室内原油流变性实验常将 $0.5 \sim 1$ ℃/min 作为常规的冷却速度。

3) 剪切历史的影响

剪切历史是指含蜡原油在特定流变性表现前所经受的各种剪切经历,如原油经过离心泵时的高速剪切,在管道流动时的缓慢剪切,流经各种阀门、管件、弯头、设备等的剪切,以及原油处于静止状态(零剪切)等。剪切历史对原油内部的蜡晶结构有较大的影响。在原油的冷却过程中,对原油施加剪切尤其是高速剪切将产生过多的晶核,导致大量细小而致密的蜡晶析出,宏观上造成原油的低温流变性恶化。历史剪切速率越大,流变性越易恶化。相比之下,静态冷却有利于粗大松散、结构强度较小的蜡晶结构的形成,相应的流变性也较好。

(1) 高速剪切的影响。

输油管道上通常使用的离心泵对原油的剪切是一种高速剪切,其剪切速率在 10^3 数量级。一般不同温度下的高速剪切对原油的低温流变性有不同的影响。特别是在原油的析蜡高峰点温度左右,高速剪切的影响最大;温度高于析蜡点时,可以认为高速剪切对原油的低温流变性无影响。

(2) 低速剪切的影响。

原油在管道中流动时的剪切为低速剪切。管流条件下的剪切速率与管径、流量、流态、管内径向位置等有关。在牛顿流体温度范围内,低速剪切的影响不大;但在反常点以下的非牛顿温度范围内,低速剪切对含蜡原油的非牛顿流变性有不利的影响。对不同的含蜡原油或不同的处理条件,低速剪切的影响可能有所不同,甚至有的实验结果表明低速剪切会在一定程度上改善原油的低温流变性。

1.1.4.6 管道停输原油流变性特点

管输原油的流变性是决定管道沿程摩阻和启动压力的主要因素之一,尤其对已形成胶凝结构的含蜡原油来说,其胶凝结构强度、屈服性质以及原油的触变性等对输油管道的安全再启动特性有重要影响[3]。

含蜡原油的屈服性与常见的具有屈服应力的物质的屈服性不同。对于常见的屈服应力值确定(且是唯一值)的物质,在管道启输时施加最低启输压力,流体即可流动,且流量随着压力的增加而不断增大。但胶凝原油的屈服是一个渐进的过程,在施加应力的初始阶段,管内凝油处在弹性变形阶段,逐渐被压缩。当应力超过弹性变形阶段,管内壁的凝油开始消耗能量逐渐屈服,随后上游传来的能量使胶凝原油屈服和被压缩的过程从管壁向管中心发展。此过程完成后,压力又迅速传给邻近的下游段,然后重复以上过程。因此,从全管的胶凝原油的屈服过程来看,存在刚好屈服的"初始屈服段"、已屈服且结构正在迅速裂降的"屈服值裂降段"和已屈服且凝油结构的破坏趋于平衡的"残余屈服段"。因此,在计算胶凝原油的再启动压力时,不能用简单的平均屈服值来计算,而是需要针对不同阶段选择合适的参数来计算。另外,管道的充装空间、原油的压缩性等影响因素可降低原油的再启动压力,因为这些因素使得初始启动的压力波速明显偏低。

1.2　管道热力学特性

1.2.1　加热输送特点

由于不同的原油性质差异较大,所以为了保证高含蜡、高凝点原油的管道输送安全,管道沿线一般设置加热炉对油品进行加热输送,从而达到降黏的目的。通过加热可以提高油品的温度,确保其高于原油凝点,同时可以通过换热器对原油进行热处理或者通过添加降凝剂等综合热处理输送工艺,确保原油管道的输送安全。

在加热输送的过程中,由于油品温度远高于管道周围的环境温度,在径向温差的推动下,油流所携带的热量将不断地往管外散失,因而油流在前进过程中不断降温,即引起轴向温降。轴向温降致使沿线油品黏度逐渐增大,单位管长的摩阻损失逐渐增大。随着沿线油温降低,水力坡降也逐渐增大,且流态随油温变化,还伴有管壁结蜡问题,导致单位管长的摩阻急剧升高。

1.2.2　热油管道沿程温降计算

原油经加热炉加热到一定温度后进入管道,因管道沿线周围温度场与油流存在温差,形成热损失使得油品温度逐渐降低。影响管道热损失的因素较多,如管输量、加热温度、环境温度、管材等,且这些因素均随着管道运行工艺的改变而变化,热油管道处于热不稳定状态。工程上将正常运行工况近似为热力、水力稳定工况,以计算轴向温降[4]。

1.2.2.1　轴向温降计算

在距第一个加热站为 L 处取一微元段 $\mathrm{d}L$,设 L 处断面油温为 T,油流经过 $\mathrm{d}L$ 段的温度变化为 $\mathrm{d}T$,故在 $L+\mathrm{d}L$ 断面上油温为 $T+\mathrm{d}T$。稳定传热时,$\mathrm{d}L$ 段上的热平衡方程为:

$$K\pi D(T-T_0)\mathrm{d}L = -Gc\mathrm{d}T + gGi\mathrm{d}L \tag{1-15}$$

令 $a=\dfrac{K\pi D}{Gc}$,$b=\dfrac{gi}{ca}$,则对上式积分有:

$$\int_0^L a\,\mathrm{d}L = \int_{T_R}^{T_L} -\frac{\mathrm{d}T}{T-T_R-b}$$

$$\ln\frac{T_R-T_0-b}{T_L-T_0-b}=aL$$

$$\frac{T_R - T_0 - b}{T_L - T_0 - b} = e^{aL} \tag{1-16}$$

式中 G——油品的质量流量，kg/s；

c——输油平均温度下的油品比热容，J/(kg·℃)；

D——管道外直径，m；

L——管道加热输送的长度，m；

K——管道总传热系数，W/(m²·℃)；

T_R——管道起点油温，℃；

T_L——距起点 L 处油温，℃；

T_0——周围介质温度，其中埋地管道取管中心埋深处自然地温，℃；

i——油流水力坡降；

g——重力加速度，m/s²。

若加热站出站油温 T_R 为定值，则管道沿程的温度分布可用式(1-17)表示：

$$T_L = (T_0 + b) + [T_R - (T_0 + b)]e^{-aL} \tag{1-17}$$

对于管道长度短、管径小、流速低、沿线温降较大的管道，摩擦热对沿程温降影响较小，可忽略，则 $b=0$，代入式(1-16)和式(1-17)可得著名的苏霍夫公式：

$$\ln \frac{T_R - T_0}{T_L - T_0} = aL \tag{1-18}$$

$$T_L = T_0 + (T_R - T_0)e^{-aL} \tag{1-19}$$

1.2.2.2 温度参数确定

长输原油管道确定加热站的进、出站温度时，需要考虑三方面的因素：

① 油品的黏温特性和其他物理性质。

② 管道的停输时间、热胀和温度、应力等因素。

③ 安全经济性比较，获得费用最低的进出站温度。

1) 出站油温确定

① 加热温度一般不超过 100 ℃，因原油中的水加热汽化后会影响泵的吸入性能。

② 黏温曲线在低温时变化较陡，温度较高时变化平缓，摩阻变化幅度较小，若提高全线油温可导致热损失增大。

③ 入口温度应考虑防腐层和保温层的耐热能力和管道的热应力。

2) 进站油温确定

① 进站油温取决于安全、经济性比较，略高于油品的凝点即可，输油管道规程中为高于凝点 3～5 ℃。

② 进站油温必须满足管道的停输温降和再启动的要求。

3) 周围介质温度 T_0 的确定

① 对于架空管道，T_0 就是周围大气的温度。

② 对于埋地管道，T_0 取管道埋深处的土壤自然温度。

设计热油管道时，T_0 取管道中心埋深处的最低月平均地温，运行时按当时的实际地温进行校核。

1.2.3 总传热系数 K

管道总传热系数 K 是指油流与周围介质温差为 1 ℃时，单位时间内通过管道单位面积所传递的热量。它表示了油流向周围介质散热的强弱,单位为 W/(m² · ℃)。

以埋地管道为例,管道散热的传热过程由三部分组成:即油流至管壁的传热,钢管壁、防腐绝缘层或保温层的热传导,管外壁至周围土壤的传热(包括土壤的导热、土壤对大气和地下水的放热)。

在稳定传热的条件下,其总传热系数的表达式为:

$$K = \cfrac{1}{D\left(\cfrac{1}{\alpha_1 D_1} + \sum \cfrac{1}{2\lambda_i}\ln\cfrac{D_{i+1}}{D_i} + \cfrac{1}{\alpha_2 D_w}\right)} \tag{1-20}$$

式中　D_1——管道内径,m;

　　　D_w——管道最外层的直径,m;

　　　D_i、D_{i+1}——管道第 i 层的内、外直径,m,$i = 1, 2, 3, \cdots, n$;

　　　λ_i——第 i 层导热系数,W/(m · ℃)

　　　α_1——油流至管内壁的放热系数,W/(m² · ℃);

　　　α_2——管外壁至土壤的放热系数,W/(m² · ℃)。

对于无保温的大口径管道,若忽略内外径的差值,则总传热系数 K 可近似按下式计算:

$$K = \cfrac{1}{\cfrac{1}{\alpha_1} + \sum \cfrac{\delta_i}{\lambda_i} + \cfrac{1}{\alpha_2}} \tag{1-21}$$

式中　δ_i——第 i 层的厚度,m。

1.2.4　热油管道停输温降特点

长输原油管道加热输送时,因设备检修、工况处置等都需进行停输,同时若上游油源不足或下游炼厂检修,会面临长时间间歇输送等问题。热油管道停输后,由于沿线油温高于环境土壤温度,油品与外界土壤存在温差,产生热交换,使油品温度逐渐降低,黏度增大,若停输时间长,蜡晶析出多,原油可形成胶凝结构,管线再启输时摩阻增大,若停输时间过长可导致管道蜡堵、初凝,严重时管道凝管,无法启输。因此,热油管道停输时间控制是安全运行的前提。

管道停输后原油热损失过程包括三个环节:原油与管壁的传热、管壁与防腐层(保温层)的导热,以及管道与周围土壤或空气的传热。根据以上传热方式不同,管道停输后管内热油传送可分为自然对流传热阶段、自然对流热传导阶段以及纯导热阶段。

加热输送的原油管道停输后的温降特性与管道填充纯液体(单一组分的物质)时的温降特性差别较大。加热输送的原油管道大幅度温降可导致管内原油发生相变,尤其含蜡原油的相变(析蜡)潜热在油温降至析蜡点之后逐渐释放。若管道横截面上油温均低于析蜡点,管道内部放出析蜡潜热,导致凝油与还处于液态的油品在固液界面上存在温度跳跃,因此通过油温测试很难确定清晰的固液界面(实际上对原油来说也不存在清晰的固液界面),而纯物质液体,如水在凝固过程中只在冰点温度下放出相变潜热,即潜热是在固液界面处释放的。

根据研究管道停输后温降可分为两个阶段:

(1)管内油温较快冷却到高于管壁外土壤温度,尤其近壁处油温下降较快。

(2)管内油品和管外土壤作为一个整体缓慢温降。埋地管道停输后散热途径主要通过管道周围土壤进行,土壤中蓄积的热量比原油中蜡结晶放出的潜热大,而架空或水中含蜡原油管道停输后油温降低时,会经过析蜡潜热释放使得温降减缓的阶段。

如图 1-2 所示,从该实测温降曲线可明显区别出埋地热油管道停输后温降的两个阶段。曲线 1 为实验场实测的 $\phi 529\ mm$ 管道存油冷却情况,油温为管道中心部分测试点的平均值。埋深处地温为 13 ℃,在管内恒温 50 ℃,经过 22 d 预热后建立管周围温度场,但未到达稳定。曲线 2 为计算的管外壁侧面土壤温度的下降情况,可见在停输 10 h 内,油温下降较快,当油温接近管外壁土壤温度后,油温下降变慢。

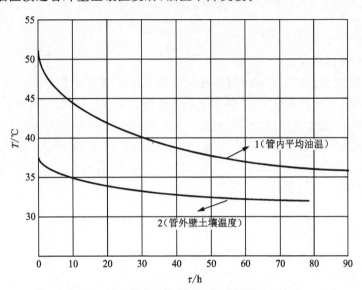

图 1-2　管道停输后油温及土壤温度随时间变化

第一阶段内,当油温降至比刚停输时的管外壁温度高 2～3 ℃时,可认为该状态下管道总传热系数 K' 等于正常运行时的 K。油温从 T_{y0} 降至该阶段最终的油温 T_{y1} 所需时间可通过下式推导获得:

$$\tau = \frac{c_y \rho_y D_1}{4K} \ln \frac{T_{y0} - T_0}{T_{y1} - T_0} \tag{1-22}$$

式中　T_{y0}——开始停输时的油温,℃;

$\quad\quad T_{y1}$——第一阶段末的油温,$T_{y1} = T_{w0} + (2 \sim 3\ ℃)$,若刚停输时管外壁土壤温度 T_{w0} 低于原油凝点,则取 T_{y1} 等于凝点,℃。

因土壤的蓄热量及热阻均很大,埋地管道在停输后温降缓慢,可将管内原油冷却过程看成准稳态过程,列出 $d\tau$ 时间内的热平衡方程。设在 $d\tau$ 时间内,管内存油及钢管温降放热量等于管道向环境的散热,且总传热系数 K' 等于稳定运行总传热系数 K 值,则管道温降公式为:

$$K\pi D(T - T_0)d\tau = -\left[\frac{\pi}{4}D_1^2 c_y \rho_y + \frac{\pi}{4}(D_2^2 - D_1^2)c_g \rho_g\right]dT \tag{1-23}$$

式中　D_1——管道内径;

$\quad\quad D_2$——管道外径。

令

$$b = \cfrac{KD}{\cfrac{D_1^2}{4}c_y\rho_y + \cfrac{(D_2^2 - D_1^2)}{4}c_g\rho_g}$$

则

$$\frac{\mathrm{d}T}{\mathrm{d}\tau} = -b(T - T_0) \tag{1-24}$$

对上式积分,当 $\tau = 0$、$L = 0$ 时,$T = T_R$。此时距起点 L 处的油温 T_L 可按照苏霍夫公式计算。距离起点 L 处,停输 τ 时间后管内油温的近似计算式为:

$$T = T_0 + (T_R - T_0)\exp\left(-\frac{K\pi DL}{Gc} - b\tau\right) \tag{1-25}$$

式中 τ——停输时间,s。

式(1-25)可用于近似计算停输时间较短时管道任意截面上平均油温随时间的变化趋势,其实质是用稳态传热系数 K 代替停输后总传热系数,按总热容法得出。停输时间较短时,热阻变化较小,则上述假设与实际相近;停输时间较长时,依照上述假设计算的温降值将偏大;当管道被沿线架空或处于水中时,K 值应根据实际情况选取。由图 1-3 给出的管道出站油温趋势图可知,出站油温一开始下降速率快,随着运行时间的增加,油壁温差降低,温降速率放缓。

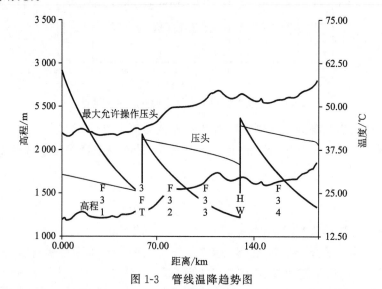

图 1-3   管线温降趋势图

埋地管道管径越大,管内原油的热容量和土壤的蓄热量也越大,同等条件下大口径管道的温降较慢。此外,地温越低,管内油温温降越快。油温越高,油壁温差越大,温降速率越快。

1.3   管道稳态流动特性

1.3.1   水力学基本概念

1.3.1.1   压力

管道内的液体通常处于高压下,因此对管壁具有较大的作用力。管道运行受最大操作压力(MOP)的限制,如果管道运行超过最大操作压力,则可能会出现油品泄漏或管道破裂的异常工况。管道建设投产前均需进行强度和密封试压。鉴于管道沿线地形等情况特点,分段试压的管段长度不宜超过 35 km,试压管段的高差不宜超过 30 m。当管段高差超过30 m时,应根据该段的纵断面图计算管道低点的静水压力,核算管道低点试压时所承受的环向应力,其值一般应不大于管材最低屈服强度的 0.9 倍。对于特殊地段,经设计允许,试压值最大不得大于管材最低屈服强度的 0.95 倍。试压标准详见表 1-5[5]。

表 1-5　输油管道水压试验相关参数

分　类		强度试验	严密性试验
一般地段	压力值/MPa	1.25 倍设计压力	设计压力
	稳压时间/h	4	24
大中型穿(跨)越及管道通过人口稠密区	压力值/MPa	1.5 倍设计压力	设计压力
	稳压时间/h	4	24
合格标准		无泄漏	压降不大于 1%试验压力值,且不大于 0.1 MPa

1.3.1.2　雷诺数

雷诺数是油流中惯性力与黏滞力的比值,是判别流体在管道中流态的无量纲准数。当雷诺数小于一定值时,黏滞力起主要作用;当雷诺数大于一定值时,惯性损失起主要作用。

$$Re = \frac{vd}{\nu} = \frac{4Q}{\pi d \nu} \tag{1-26}$$

式中　Q——管道内流体体积流量,m^3/s;

d——管道内径,m;

ν——流体运动黏度,m^2/s。

1.3.1.3　流态

流体流动时,其质点沿着与管轴平行的方向做平滑直线运动。流体的流速在管中心处最大,近壁处最小。管内流体的平均流速与最大流速之比等于 0.5。工程上认为,当 $Re<2\,000$ 时,流体处于层流状态,如图 1-4 所示。流态对比如图 1-5 所示。

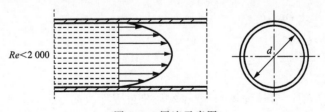

$Re<2\,000$

图 1-4　层流示意图

紊流又称为湍流,此时流体的流线不再清楚可辨,质点的横向脉动引起流体质点相互错杂交换,流场中出现小漩涡。

原油管道运行中,应尽量维持油品的流态为紊流,可减小油品中杂质、蜡质沉积至管壁,同时也可冲刷管壁已有的沉积物,提高管道流通性。

1.3.1.4　水力坡降线

管道的水力坡降 i 是单位长度管道的摩阻损失,与管道长度无关,只随流量、黏度、管径和流态的不同而不同。

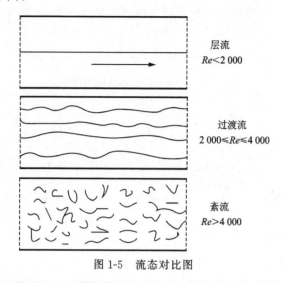

图 1-5　流态对比图

1.3.2　水静力学

在工程上最常见的流体平衡是指流体相对于地球没有运动的静止状态,也就是只受重力作用。静力学基本方程式为 $p = p_0 + \rho g h$。

1.3.2.1　静压头

管道中任意点的液体,不管流动与否,都具有能量。管道中的能量可描述成单位重量流体所具有的能量,即单位重量的能量叫作压头。压头具有长度单位(m)。静压头是单位重量液体的潜在能量。

如果已知压强,则静压头可以采用下列公式进行计算:

$$H_s = p/(9.8\rho)$$

或

$$H_s = p/\gamma \tag{1-27}$$

式中　H_s——静压头,m;

p——压强,Pa;

ρ——密度,kg/m³;

γ——重度,N/m³。

管线的尺寸和长度、容器的体积、液体的质量或表面积都不影响静压头。

管道输送不同原油时,两批原油的接触面称为批次界面。因两种原油彼此接触且连续,其接触面的压强相同,但不同油品的密度可能不同。由公式(1-27)可知,批次界面处两种油品的静压头不同,轻油的静压头大于重油的静压头。

1.3.2.2　高程压头

高程压头 H_E 是管线内单位重量的液体由于高程产生的潜在能量,与压强、密度无关。管线高程曲线是指沿管道走向上各点距海平面的垂直距离连成的曲线。高程曲线可用来计算高程压头。高程压头曲线也就是高程曲线,如图 1-6 所示。

1.3.2.3 总能量图

总能量图反映了高程压头、静压头和总压头之间的关系。对于停输静止管线,总压头＝静压头＋高程压头。从图 1-7 所示的总能量图表中可以获得管道沿线的高程压头、静压头以及高程曲线。

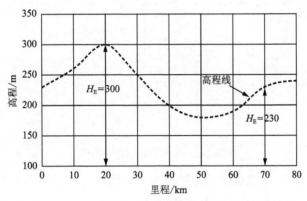

图 1-6 高程压头曲线

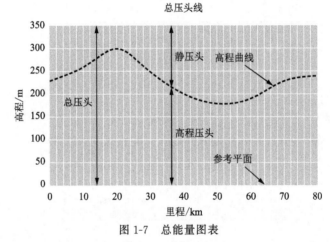

图 1-7 总能量图表

1.3.3 水动力学

1.3.3.1 稳态流体的能量

对于处于停输状态的非流动管道,总压头等于高程压头和静压头之和。当油品在管道内流动时,由于存在速度而产生动能,且由于油品与管壁发生摩擦而产生压力损失,即摩擦压头损失。根据能量守恒定律,摩阻导致压力损失,由动能转化为热能,可加热管内油品加热。因此,对于管道的水力计算,需考虑沿线(局部)摩阻导致的压力损失,这部分能量在水力计算中不可再利用。

在管道运行过程中,流动的原油具有三种有用能量:压力形式存在的势能、高程势能和动能。总压头等于这三项的和,如图 1-8 所示。

1.3.3.2 总能量压头与总能量图

(1)总能量压头:

总能量压头＝静压头＋高程压头＋动能压头＋摩擦压头损失

静压头、高程压头和动能压头是相对于管道中的一个具体的点来说的,而总能量压头是相对于整个管段来说的。

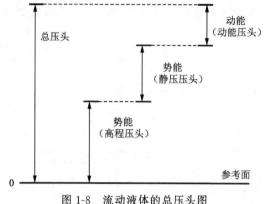

图 1-8　流动液体的总压头图

（2）总能量图:通过总能量图可以对一定长度管段上的不同压头项进行区分,同时可以获得与总能量压头相关的各部分压头的关系。

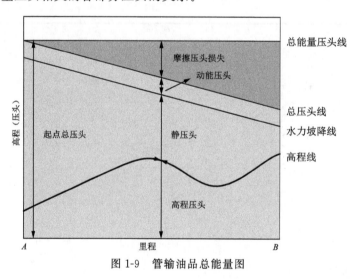

图 1-9　管输油品总能量图

（3）总能量压头线:在总能量图中,总能量压头线是一条水平线,它说明了管段开始处的总压头。

（4）总压头线:总压头线显示了管道中任意点处的总压头。由于摩擦损失,这条线的高度沿管道走向减小。

（5）动能压头:水力坡降（水力梯度）等于管道任意点处的静压头和高程压头之和。水力坡降线和总压头线之间的差值是动能压头。

（6）高程压头:高程纵剖面显示了管道高出参考面（通常为海平面）的高程。

（7）静压头:静压头是总能量图中最重要的项。静压头太高会影响管道安全,而静压头太低可能会出现泵汽蚀或在管道高点处发生液柱分离等问题。

（8）摩擦压头损失:它是总能量压头线与总压头线之间的差值。由于摩擦压头损失在管道输送过程中转化为热量,所以不能再用于驱动管道中的液体。

1.3.3.3　连续性方程

连续性方程量化了管道中两点间的体积流量、流速和横断面面积之间的关系。根据质量守恒定律,对于空间固定的封闭曲面,稳定流动时,单位时间内流入的流体的质量必然等于单位时间内流出的流体的质量。对于不可压缩流体,流体的密度为常数,那么单位时间内流入的流体的体积必然等于单位时间内流出的流体的体积,即任意的管断面处的体积流量相等。

1.3.3.4　伯努利方程

伯努利方程最早由 Daniel Bernoulli 和 Leonhard Euler 在 1738 年创立。该方程量化了管道两点间压力和流速之间的关系[6]。其假设条件如下:

① 流动稳定(流量为定值);

② 整个液体的密度是一个定值(无批次分界面);

③ 没有摩擦;

④ 外界没有对系统做功,系统也没有对外界做功(无泵或涡轮机);

⑤ 没有热量交换。

由于第三个假设(无摩擦),总压头在整个管道长度上都是一个定值。因此,上游点(A 点)的总压头将会和下游点(B 点)的总压头相等,这两个点必须在同一条流线上。流线是某一瞬时在流场中绘出的曲线,这条曲线上所有质点的流速和曲线相切。

因此,伯努利方程变成:

$$Z_A + \frac{p_A}{gd} + \frac{v_A^2}{2g} = Z_B + \frac{p_B}{gd} + \frac{v_B^2}{2g} \tag{1-28}$$

式中　Z——高程,m,管道中断面的中心线和参考面的相对高度,有正负之分,分别表示管道中断面的中心线是在参考面以上(正)还是以下(负);

p——压强,Pa;

v——流速,m/s;

d——相对密度;

g——重力加速度,9.8 m/s²。

由于伯努利方程忽略了摩擦,所以它只能用于摩擦很小的一段管道。

1.3.3.5　稳态能量方程

稳态能量方程是修正的伯努利方程,考虑了从伯努利方程中去掉的某些限制条件,增加了 A、B 点之间存在泵提供能量时泵所做的功和流动摩擦阻力损失(简称摩阻损失)。其使用条件为:

① 流量恒定,或为稳态;

② A、B 点之间的液体密度恒定;

③ A、B 点之间没有热量传递。

稳态能量方程为:

$$Z_A + \frac{p_A}{gd} + \frac{v_A^2}{2g} + h_p = Z_B + \frac{p_B}{gd} + \frac{v_B^2}{2g} + h_f \tag{1-29}$$

式中　h_p——A、B 点之间泵做功增压的压头,m;

h_f——A、B 点之间的摩阻损失,m。

1.3.4　摩阻损失

长输管道的摩阻损失包括两部分：一是油流通过直管段所产生的摩阻损失，简称沿程摩阻损失；二是油流通过各种阀件、管件所产生的摩阻损失，称为局部摩阻损失。长输管道站间管路的摩阻主要是沿程摩阻，局部摩阻只占 $1\%\sim2\%$；泵站的站内摩阻主要是局部摩阻。

1.3.4.1　沿程摩阻损失

1）达西公式

管道的沿程摩阻损失可按达西公式计算：

$$h_f = \lambda\left(\frac{L}{D}\right)\left(\frac{v^2}{2g}\right) \tag{1-30}$$

$$\varepsilon = \frac{2e}{d}$$

式中　λ——水力摩擦系数，随流态的不同而不同，是雷诺数 Re 和管壁相对当量粗糙度 ε 的函数；

　　　e——管壁的绝对当量粗糙度，m。

2）列宾宗公式

根据管道流态划分方法可知，流体在管路中的流态根据其雷诺数大小划分，不同流态的水力摩擦系数与雷诺数及管壁粗糙度的关系不同。使用达西公式计算沿程摩阻损失时，由于 λ 与 Re、ε 有关，进而对达西公式中参数进行整理获得综合参数摩阻计算公式，即列宾宗公式：

$$h_f = \beta\frac{Q^{2-m}\nu^m}{d^{5-m}}L \tag{1-31}$$

$$\beta = \frac{8A}{4^m\pi^{2-m}g} \tag{1-32}$$

式中，各流态的参数详见表1-6。

表 1-6　不同流态参数值

流　态		A	m	β
层　流		64	1	4.15
紊　流	水力光滑区	0.316 4	0.25	0.024 6
	混合摩擦区	$10^{0.127\lg\frac{\varepsilon}{d}-0.627}$	0.123	0.080 2A
	粗糙区	λ	0	0.082 6λ

管道沿程摩阻损失的初步估算基本采用水力光滑区的参数，计算公式为：

$$h_f = 0.024\ 6\frac{Q^{1.75}\nu^{0.25}}{d^{4.75}}L \tag{1-33}$$

1.3.4.2　局部摩阻损失

长输管道系统中的管件、阀件或某些设备时，由于流道形状及流动状态的变化，会产生局部摩阻损失。局部摩阻损失 h_ξ 可按下式计算：

$$h_\xi = \xi \frac{v^2}{2g} \tag{1-34}$$

式中　ξ——管件或阀件的局部阻力系数。

局部阻力系数由实验测定,其中紊流状态下各种管件或阀件的 ξ 值近似为常数,而层流状态时其随雷诺数变化。因此,层流状态下的局部阻力系数需按下式进行修正:

$$\xi_c = \phi\xi \tag{1-35}$$

式中　ϕ——与雷诺数大小有关的系数。

阀门的阻力系数与开度有关。一般阀门的阻力系数(调节阀除外)是全开状态下的测定值。相对于整个管道系统,长输管道的站场,包括泵站、计量站、清管站、减压站或热站等的阻力可视为局部阻力。由于长输管道站场的阻力损失往往只占管道摩阻损失的很小部分,所以在工艺设计计算时,站场局部阻力损失一般取定值。

1.4　管道瞬变流动特性

1.4.1　水力瞬变的概念

水力瞬变或瞬变流动又称水力水锤、水击,是一种当管道中流体的流量(流速)发生急剧变化时,引起压强的剧烈波动,并沿着管道沿线传播的现象[7,8]。压力管道中任一点的流速和压力仅与该点的位置有关而与时间无关的流动称为稳定流动,反之称为不稳定流动或瞬变流动。瞬变流动是流体从一种稳态流动过渡到另一种新的稳态流动时的过渡状态。在实际的流体输送过程中,管道中的流动参数不会保持绝对稳定。管输过程中,瞬变流动为常态,稳定流动只是暂时认定的状态。工程上为了简化计算,一般将参数变化较小的流态看成稳定流动。

管道运行过程中,启停泵、增减量、切换设备及流程等正常操作,以及泵设备异常停运、阀门异常关断均可在管内引起压力波动,这种瞬变流动称为水击过程,其瞬变压力称为水击压力。若波动较小,对生产影响不大,则水击压力可忽略,但对于异常工况,水击压力较大,严重时可超过管道最大允许压力,危及管道安全运行。管道瞬变流动过程中,瞬变压力的大小和沿管道的传播规律与流量的变化量、流量变化的持续时间、管道长度、稳态时的水力坡降和调节保护措施等有关。在输油管道的设计和管理工作中,计算和掌握管道的瞬变流动规律,可以合理确定设计管道壁厚的安全系数,降低工程投资,为瞬变压力的控制提供合理参数,并为管道系统的调度管理提供科学依据。

1.4.2　管道系统产生瞬变原因

管道系统的流量突然发生变化,会在管内引起瞬变流动。管道流量变化量越大、变化时间越短,产生的瞬变压力波动越剧烈。引起管道系统流量突然变化的因素很多,基本上可分为两类:一类是根据输油计划及现场需要的相关操作;另一类是异常事件导致的瞬变流。

根据输油计划调整输量主要包括管道正常的启停输、增减量、设备及流程切换等,涉及泵设备的启停、转速调整,首末站、分输、注入站(支线)的流程切换等。以上正常操作时均可引起管内流量波动,产生瞬变压力。对于正常工况的设备、流程启停切换产生的压力波动一般处在压力允许范围内,且可控。

对于异常工况,如站场失电停泵、泵设备保护性停泵、阀门异常关断以及泄漏等工况均会造成管道流量的变化。异常工况导致的瞬变流动发生较突然,且具有不可预见性,产生的瞬变压力可能超过管道的允许压力。尤其站场失电导致主泵甩泵及主流程阀门关断等工况,可导致进站压力超压,事故点上游超压等事件,因此需充分研究异常工况瞬变流理论,根据研究成果,在发生超压事件之前采取相应的调节和保护措施。

1.4.3 压力波的传播及压力波速

通过图 1-10 建立管道压力波产生及传播的一元模型。

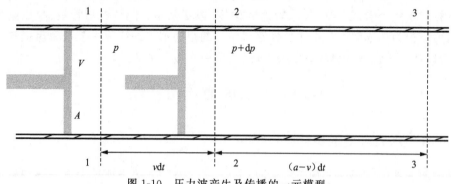

图 1-10 压力波产生及传播的一元模型
a—压力波传播速度;v—流体运动速度;V—流体体积

在图 1-10 所示的管道内部充满了液体,并有一个横截面积为 A 的活塞,初始条件下流体和活塞均处于静止状态,然后活塞以速度 v 在微小的时间 $\mathrm{d}t$ 内移动微小的距离 $v\mathrm{d}t$,即从位置 1-1 移动到位置 2-2。如果流体是不可压缩的,那么活塞右面的流体将随活塞的移动而运动;如果流体具有一定的压缩性,那么活塞的移动将使其右面的流体受到压缩,首先是活塞右面附近的流体受到压缩,其压力升高 $\mathrm{d}p$,密度升高 $\mathrm{d}\rho$,其次是活塞再往右面的流体也将受到压缩。假设这种压缩过程的传播是以速度 a 进行的,在 $\mathrm{d}t$ 时间内压缩过程传播到位置 3-3,此时位置 3-3 处的流体压力升高 $\mathrm{d}p$,密度升高 $\mathrm{d}\rho$,速度增加 $\mathrm{d}v$。

根据质量守恒原理,被活塞推走的那部分(即位置 1-1 和位置 2-2 之间的那部分)流体的质量等于活塞右边位置 2-2 和位置 3-3 之间流体被压缩而增加的质量,即 $\rho Av\mathrm{d}t = \mathrm{d}\rho A(a-v)\mathrm{d}t$。因为压力波传播速度 a 远远大于流体运动速度 v,即 $a \gg v$,$a-v \approx a$,所以前式变为 $\rho v = \mathrm{d}\rho a$。根据动量守恒原理,取位置 1-1 和位置 3-3 之间的流体作为研究对象,在忽略流体与管壁之间摩擦阻力的条件下,活塞的运动给活塞右边的流体施加了一个附加作用力 $A\mathrm{d}p$,该力使质量为 $\rho Aa\mathrm{d}t$ 的流体在 $\mathrm{d}t$ 时间内从速度 0 增加到速度 v,即 $A\mathrm{d}p = \dfrac{\mathrm{d}mv}{\mathrm{d}t} = \dfrac{\rho Aa\mathrm{d}t}{\mathrm{d}t}(v-0) = \rho Aav$,则 $\rho v = \dfrac{\mathrm{d}p}{a}$,结合质量守恒定理得 $\rho v = \dfrac{\mathrm{d}p}{a} = a\mathrm{d}\rho$,则 $a^2 = \dfrac{\mathrm{d}p}{\mathrm{d}\rho}$ 或 $a = \sqrt{\dfrac{\mathrm{d}p}{\mathrm{d}\rho}}$。因为流体的体积弹性模量 $K = -V\dfrac{\mathrm{d}p}{\mathrm{d}V}$,而且 $\dfrac{\mathrm{d}V}{V} = -\dfrac{\mathrm{d}\rho}{\rho}$,所以 $\dfrac{\mathrm{d}p}{\mathrm{d}\rho} = \dfrac{K}{\rho}$,则压力波传播速度 $a = \sqrt{\dfrac{\mathrm{d}p}{\mathrm{d}\rho}} = \sqrt{\dfrac{K}{\rho}}$。

上述公式的推导过程仅仅考虑介质的相关性质如密度和体积弹性模量对压力波传播速度的影响,而压力波在管道内的传播无疑与管道的物性密不可分,因此在推导压力波传播速度的理论公式时,需要考虑管道的形变。考虑管道弹性形变之后的压力波传播速度为：

$$a = \sqrt{\frac{K/\rho}{1 + (K/E)(D/e)C_1}}$$

(1-36)

式中　K——液体的体积模量，Pa，几种液体的体积模量见表 1-7；

　　　E——管道的弹性模量，Pa，几种管材的弹性模量和泊松系数见表 1-8；

　　　D——管道内径，m；

　　　δ——管壁厚度，m；

　　　C_1——修正系数，与管道的约束状况有关的系数。

管道的约束状况大致分为三类：

① 管道上游固定，下游自由伸缩；

② 管道两端固定，无轴向位移；

③ 管道内部存在多个膨胀节点。

在①类约束下，$C_1 = 1 - \dfrac{\mu}{2}$；在②类约束下，$C_1 = 1 - \mu^2$；在③类约束下，$C_1 = 1$。式中，μ 为材料的泊松系数，见表 1-8。

表 1-7　几种液体的体积模量

液体名称	体积模量/(10^5 Pa)				
	20 ℃	30 ℃	40 ℃	50 ℃	90 ℃
水	23 900		22 450		21 750
丙　烷	1 760	1 370	1 040	715	
丁　烷	3 560	3 020	2 510	2 130	
汽　油	9 160			7 600	
煤　油	13 600		12 050		

表 1-8　几种管材的弹性模量和泊松系数

名　称	弹性模量/(10^9 Pa)	泊松系数
钢	206.9	0.3
球墨铸铁	165.5	0.28
铜	110.3	0.36
黄　铜	103.4	0.34
混凝土	30～108	0.08～0.18

影响压力波传播速度的因素很多，影响规律也比较复杂，因此压力波传播速度是一个比较复杂的物理量。由于流体介质是在管道内部流动的，压力波的传播是一个流体和固体相互耦合的过程，因此可以将影响压力波传播速度的因素大致分为三大类：第一类为管道自身的参数，包括管道材料、管道直径、管壁厚度、约束状况、倾斜程度及保护层等；第二类为流体介质的相关参数，包括流体的种类、密度、体积弹性系数等；第三类为管道运行过程中的操作参数，包括温度、压力、流量、流动状态等。因此，管道发生瞬变流动时产生的压力波的传播速度视具体管道及流体状况的不同而不同。

式(1-36)仅适用于均质管道，且不考虑有气体和杂质的水击波速计算。董毅经过研究

后,推导得到液体中含有气体的水击波速方程[9]:

$$a = \sqrt{\dfrac{\dfrac{K_1}{\rho}}{1 + \dfrac{K_1 D}{E\delta} + \dfrac{mRT}{p}\left(\dfrac{K_1}{K_g} - 1\right)}} \qquad (1-37)$$

式中　p——液体压强,Pa;

T——液体温度,K;

m——单位体积内气体的物质的量,kmol/m³;

R——气体常数,8 314 J/(kmol·K);

δ——管壁厚度,mm;

K_1——液体的体积模量,Pa;

K_g——气体的体积模量,Pa。

若把气体压缩过程看成等温过程,则 $K_g = p$,由于气体的体积模量 K_g 远小于液体的,则上式可简化为:

$$a = \sqrt{\dfrac{\dfrac{K_1}{\rho}}{1 + \dfrac{K_1 D}{E\delta} + \dfrac{mRTK_1}{p^2}}} \qquad (1-38)$$

1.4.4　水击理论分析

针对管道异常工况产生的瞬变流,从物理机理上将其分为两类:一类是考虑液体的压缩性,将研究对象看成弹性流体;另一类是将液体看成不可压缩的,将研究对象看成刚性流体。

1.4.4.1　刚性理论

1)能量方程

$$z_1 + \frac{p_1}{\rho g} + \alpha_1 \frac{v_1^2}{2g} = z_2 + \frac{p_2}{\rho g} + \alpha_2 \frac{v_2^2}{2g} + \frac{1}{g}\int_1^2 \alpha_0 \frac{\partial v}{\partial t}dl + h_{w1-2} \qquad (1-39)$$

式中　z_1、z_2——断面1、2上两点的位置(高程),m;

p_1、p_2——1、2两点的压力,Pa;

v_1、v_2——1、2两点的平均流速,m/s;

ρ——液体密度,kg/m³;

α_1、α_2——1、2两点上动能修正系数;

α_0——动量修正系数;

h_{w1-2}——断面1、2上点单位能量损失,m。

用 E_1 表示上游1点处的总能量,即

$$E_1 = z_1 + \frac{p_1}{\rho g} + \alpha_1 \frac{v_1^2}{2g}$$

用 E_2 表示上游2点处的总能量,即

$$E_1 = z_2 + \frac{p_2}{\rho g} + \alpha_2 \frac{v_2^2}{2g}$$

用流量 Q 代替流速 v，即

$$v = \frac{Q}{\omega}$$

用列宾宗公式计算从上游1点到达下游2点处的能量损失，即

$$h_{w1\text{-}2} = fQ^{2-m}L$$

非恒定流能量方程为：

$$\int_1^2 \alpha_0 \frac{\partial Q}{\partial t} \mathrm{d}l = g\omega(E_1 - E_2 - fQ^{2-m}L) \tag{1-40}$$

2）连续性方程

$$\omega_1 v_1 = \omega_2 v_2 \tag{1-41}$$

式中　ω_1、ω_2——断面的过流面积，m^2。

3）节流流量方程

$$Q = C_Q \omega \sqrt{2gH} = C_Q \omega \sqrt{\frac{2\Delta p}{\rho}} \tag{1-42}$$

式中　ω——节流口的过流面积，m^2；

$\quad\quad H$——水头压差，m；

$\quad\quad C_Q$——流量系数；

$\quad\quad \Delta p$——节流前后的有效压差，Pa。

1.4.4.2　弹性理论

与管道刚性水击理论相比，弹性理论考虑了管内流体的压缩性，同时考虑了管材的弹性，是管道瞬变流分析的理论基础。目前应用较多的是由笛卡尔坐标系下的 N-S 方程和连续性方程推导出的管道弹性水击控制方程。

完整形式的控制方程为：

$$\left.\begin{aligned} &\frac{1}{g\omega}\left(\frac{\partial Q}{\partial t} + v\frac{\partial Q}{\partial x}\right) + \frac{\partial H}{\partial x} + fQ\,|Q|^{1-m} = 0 \\ &\frac{\partial H}{\partial t} + v\frac{\partial H}{\partial x} + \frac{a^2}{g\omega}\frac{\partial Q}{\partial x} = 0 \end{aligned}\right\} \tag{1-43}$$

忽略速度迁移项的控制方程为：

$$\left.\begin{aligned} &\frac{1}{g\omega}\frac{\partial Q}{\partial t} + \frac{\partial H}{\partial x} + fQ\,|Q|^{1-m} = 0 \\ &\frac{\partial H}{\partial t} + \frac{a^2}{g\omega}\frac{\partial Q}{\partial x} = 0 \end{aligned}\right\} \tag{1-44}$$

忽略速度迁移项和摩阻项的控制方程为：

$$\left.\begin{aligned} &\frac{1}{g\omega}\frac{\partial Q}{\partial t} + \frac{\partial H}{\partial x} = 0 \\ &\frac{\partial H}{\partial t} + \frac{a^2}{g\omega}\frac{\partial Q}{\partial x} = 0 \end{aligned}\right\} \tag{1-45}$$

1.4.5　特征线法

管道弹性理论水击控制方程多使用特征线法求解，其主要有计算精度高、适合复杂管道系统和边界条件、考虑流体可压缩及黏性所造成的损失等优点。

管道发生水击时,流速满足下式:

$$\frac{\mathrm{d}x}{\mathrm{d}t} = v \pm a \tag{1-46}$$

式中 v——管内流体平均流速,m/s;

a——管内水击波传播速度,m/s。

利用上式解出函数 $x_1 = f_1(t)$ 及 $x_2 = f_2(t)$,两组函数表示正、反两个水击波峰的运动规律。在 t-x 坐标系中,它们各为一族曲线,如图1-11所示。

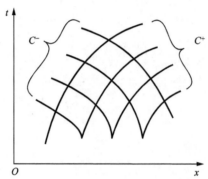

图 1-11 管道水击特征线法示意图

C^+—正特性方程;C^-—负特性方程

利用特征线法,将管道水击特征方程式(1-46)变换为:

沿 C^+ 方程

$$\frac{\mathrm{d}x}{\mathrm{d}t} = \begin{cases} v + a & \text{(完整的)} \\ + a & \text{(近似的)} \end{cases} \tag{1-47}$$

$$\frac{a}{g\omega}\mathrm{d}Q + \mathrm{d}H + afQ\,|Q|^{1-m}\,\mathrm{d}t = 0 \tag{1-48}$$

沿 C^- 方程

$$\frac{\mathrm{d}x}{\mathrm{d}t} = \begin{cases} v - a & \text{(完整的)} \\ - a & \text{(近似的)} \end{cases} \tag{1-49}$$

$$\frac{a}{g\omega}\mathrm{d}Q - \mathrm{d}H + afQ\,|Q|^{1-m}\,\mathrm{d}t = 0 \tag{1-50}$$

式(1-47)、式(1-48)为正特性方程,记为 C^+;式(1-49)、式(1-50)为负特性方程,记为 C^-。其中,式(1-47)、式(1-49)为特征线方程,式(1-48)、式(1-50)为相应特征线上水力要素须满足的微分关系式,称为相容方程。针对以上方程求解,斯特里特和怀利提出的解法是使相容方程成为线性,容易求解,又可在摩阻计算中包括流量变化等优点,最终水击特性方程的有限差分方程为:

C^+

$$\frac{\Delta x}{\Delta t} = + a \tag{1-51}$$

$$\frac{a}{g\omega}(Q_p - Q_A) + (H_p - H_A) + afQ_p\,|Q_A|^{1-m}\,\mathrm{d}t = 0 \tag{1-52}$$

C^-

$$\frac{\Delta x}{\Delta t} = -a \tag{1-53}$$

$$\frac{a}{g\omega}(Q_p - Q_B) - (H_p - H_B) + afQ_p |Q_B|^{1-m} \mathrm{d}t = 0 \tag{1-54}$$

简化上式,同时 $\dfrac{\Delta x}{\Delta t} = \pm a$ 无须写出,其包含在 C^+ 和 C^- 符号中。将差分方程整理得:

C^+

$$H_p = R_A - S_A Q_p \tag{1-55}$$

C^-

$$H_p = R_B + S_B Q_p \tag{1-56}$$

式中:

$$R_A = H_A + C_W Q_A \tag{1-57}$$

$$R_B = H_B C_W Q_B \tag{1-58}$$

$$S_A = C_W + afQ_p |Q_A|^{1-m} \Delta t \tag{1-59}$$

$$S_B = C_W + afQ_p |Q_B|^{1-m} \Delta t \tag{1-60}$$

$$C_W = \frac{a}{g\omega} \tag{1-61}$$

式中　C_W——惯性水击常数,$C_W = \dfrac{a}{g\omega}$。

由上可得:

$$Q_p = \frac{R_A - R_B}{S_A + S_B} \tag{1-62}$$

为了便于分析,把自身特性发生变化、主动造成水力扰动的边界称为扰动边界;把自身特性不发生变化,只对水击波反射最优的边界称为反射边界。下游端阀门关闭、上游端恒液位容器及串联节点三个工况的边界条件分别如下:

(1)下游端阀门瞬时关闭

$$Q_{p_{i,N}} = 0$$

$$H_{p_{i,N}} = R^+_{i,N-1}$$

(2)上游端恒液位容器

$$Q_{p_{1,0}} = \frac{H_0 - R^-_{1,1}}{S^-_{1,1}}$$

$$H_{p_{1,0}} = 0$$

式中　$R^+_{i,N-1}$——下游端阀门 i 关闭时 i 点上游的压头;

$R^-_{1,1}$——上端恒液位容器下游的压头。

(3)串联节点

$$Q_{p_{i,N}} = Q_{p_{1,0}} = \frac{R^+_{i,N-1} - R^-_{i+1,1}}{S^+_{i,N-1} + S^-_{i+1,1}}$$

$$H_{p_{i,N}} = H_{p_{i+1,0}} = R^+_{i,N-1} - S^+_{i,N-1} Q_{p_{i,N}} = R^-_{i-1,1} - S^-_{i+1,1} Q_{p_{i+1,0}}$$

其他复杂工况如离心泵甩泵、管道泄漏、阀门关闭等工况的边界条件在后面 3.3 工况分析中单独讨论。

参考文献

[1]　黄春芳. 石油管道输送技术[M]. 北京:中国石化出版社,2014.

[2]　李传宪. 原油流变学[M]. 东营:中国石油大学出版社,2007.

[3]　林名桢. 含蜡原油输送管道再启动模型的研究[D]. 青岛:中国石油大学(华东),
2007.

[4]　杨筱蘅. 输油管道设计与管理[M]. 中国石油大学出版社,2006.

[5]　中国石油天然气管道局. 油气长输管道工程施工及验收规范:GB 50369—2014[S].
北京:中国计划出版社,2016.

[6]　倪玲英. 工程流体力学[M]. 东营:中国石油大学出版社,2015.

[7]　包日东. 管道瞬变流动分析[M]. 北京:中国石化出版社,2015.

[8]　张国忠. 管道瞬变流动分析[M]. 东营:石油大学出版社,1994.

[9]　董毅. 输水水锤防护措施的数值模拟研究[D]. 广州:广州大学,2007.

第2章

原油管道工艺与设备

长输原油管道由输油站和管路两部分组成,一般长达数百千米,沿线设有首站、若干中间站和末站。油品沿管道流动,需要消耗一定的能量(包括压力能和热能)。输油站的任务就是供给油流一定的能量,将油品保质、保量、安全、经济地输送到终点,同时个别站场还有接收或者分输油品的功能。

长输原油管道中的主要设备根据其功能可分为泵、加热炉、阀门、换热器、储油罐等。各设备通过管线连接起来并合理配置,实现站场功能,满足管道输送工艺的需要。

2.1 管道输送工艺

2.1.1 管道输送工艺主要类型

长输原油管道工艺运行方式较多,根据原油物性不同,可分为常温和加热输送两大类。当原油凝点很低且黏度不大时,只需对原油加压提供动能即可,但若原油物性较差,如凝点较高或黏度较大,则常温输送无法满足油品输送至目的地所需的动能及热能要求,需要采取加热等措施,以保证管道安全。以长庆油田所产原油为例,其含蜡量约为 8%,空白油样凝点近 18 ℃,低于全年大部分时间的环境温度,因此使用长输原油管道输送时,需采用加热输送工艺。我国原油大多数为"三高"原油,基本上都采用加热输送工艺,管输过程中具有能耗高、运行风险大等问题。除此之外,输送工艺还有旁接油罐输送、密闭输送、热处理输送、加降凝剂综合热处理输送、加减阻剂输送等。

2.1.1.1 旁接油罐输送工艺

旁接油罐输送是指中间站设有一个油罐,且油罐与泵入口相通,上站来油同时进入泵和油罐[1],如图 2-1 所示。其特点是:

① 各管段输量可不相等,油罐起缓冲作用;

② 各管段单独形成一水力系统,有利于运行调节和减少站间的相互影响;

③ 与"从泵到泵"相比,不需要较高程度的自动调节系统,操作简单;

④ 油罐会产生蒸发损耗,且原油进站余压不能利用,造成能量的浪费。

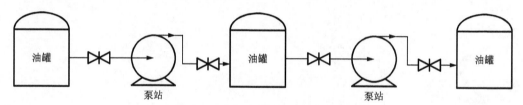

图 2-1   旁接油罐输送工艺示意图

2.1.1.2   密闭输送工艺

密闭是指中间站不设油罐,上站来油全部直接进泵,原油在管线中被封闭起来。这种工艺也叫"从泵到泵"输送,如图 2-2 所示,其特点是:

① 消除油品进入中间站场缓冲油罐而导致的蒸发损耗;

② 管道作为一个整体,形成统一的水力系统,充分利用上游余压,减少全线节流,可有效减少站场配置等建设投入;

③ 工艺流程相对简单。

我国于 20 世纪 80 年代前建成投产的长输原油管道基本都采用旁接油罐输送工艺,随着技术的进步,新建管道均采用密闭输送工艺,并对退役老管道进行密闭输送工艺改造。

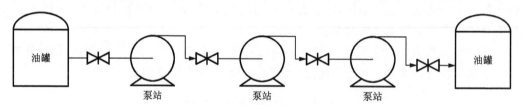

图 2-2   密闭输送工艺示意图

2.1.1.3   热处理输送工艺

热处理输送是将原油加热到一定程度,使原油中的石蜡、胶质和沥青质溶解并分散在原油中,再以一定的温降速率和方式冷却,以改变析出的蜡晶形态和温度,改善原油的低温流动性的输送工艺(图 2-3)。原油热处理主要适用于具有较好热处理效果的含蜡原油。热处理后含蜡原油的低温流动性变好,可进行常温输送或少加热输送,降低动力和热力消耗。

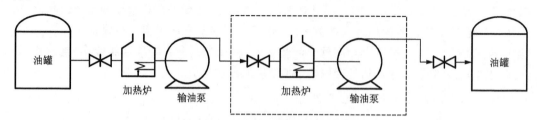

图 2-3   热处理输送工艺示意图

2.1.1.4   加降凝剂输送工艺

降凝剂一般是高分子聚合物类的化学药剂,少量加入即可降低含蜡原油的凝点,同时改善其低温流动性。加降凝剂的同时需对原油进行加热处理,以达到最佳处理效果。加热温度过高或过低、加剂量过大或过低均会影响加剂效果。我国原油降凝剂的加量一般在 100 mg/L 以下。聚合物类型的原油降凝剂包括共聚物和均聚物,其中以共聚物居多。这类聚合单体的性质、结构各异,因而降凝剂的种类繁多,但其分子结构均有两个共同的特征:一是降凝剂分子中含有长链烷基结构,是降凝剂分子的非极性部分;二是含有由一定官能团组成的极性基团。长链烷基结构单元可以在侧链上,也可以在主链上,或者两者兼有。长链烷基可与原油中蜡分子共晶析出,形成降凝剂分子与蜡分子的结合。近几十年来,国内外许多学者对降凝剂的作用机理进行研究,目前公认的作用原理是吸附与共晶理论。原油降凝剂改变蜡晶发育过程大致可分为三种类型[2]。

① 晶核作用:原油降凝剂在高于原油浊点的温度下结晶析出,成为晶核,作为蜡晶发育的中心,以此使原油中原本存在的较大蜡晶块转为小蜡晶。

② 共晶作用:原油降凝剂在原油析蜡点温度以下与原油中的蜡分子共同结晶析出,从而破坏蜡晶的结晶行为和取向性,减弱蜡晶继续良好发育的趋向。

③ 吸附作用:原油降凝剂在略低于原油析蜡点的温度下析出,吸附在已经析出的蜡晶晶核的活性中心,尤其是其中的极性基团对非极性蜡分子具有排斥干扰作用,从而改变蜡晶的取向性,使其难于形成三维网状结构,并且减弱蜡晶间的黏附作用。

图 2-4 为综合热处理输送工艺示意图。降凝剂系统处于给油泵后换热器前,目的是确保降凝剂添加完毕后通过加热炉得到充分热处理,以保证加剂效果。现场降凝剂注入设备和稀释釜分别如图 2-5、2-6 所示。

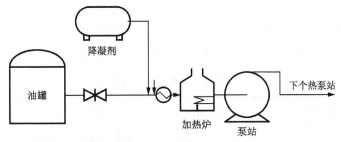

图 2-4   综合热处理输送工艺示意图

图 2-5   降凝剂注入设备

图 2-6   降凝剂稀释釜

2.1.1.5   加减阻剂输送工艺

减阻剂是一种减少管道摩阻损失的化学制品,是高分子聚合物。碳氢化合物聚合物的减阻现象,最早是由 Toms 于 1948 年发现并通过实验进行研究的,因此聚合物的减阻现象又被称为 Toms 效应[3]。根据水力学公式,在管输油品过程中,沿程摩阻限制了油品在管道内的流动,使管输量降低、能耗增大。在油品中注入少量高分子聚合物能在湍流状态下降低沿程摩擦阻力,这种方法称为高聚物减阻。用于降低流体流动阻力的化学剂称为减阻剂(drag reduction agent),简称 DRA。

实践证明,减阻剂的增输能力可超过设计输送量的 30%～50%,可见管输油品过程中注入减阻剂可有效减小沿程摩阻,大幅提升管输能力。现场减阻剂注入设备如图 2-7 所示。

图 2-7　减阻剂注入设备

减阻剂按溶解性可分为水溶性和油溶性两种。水溶性减阻剂如聚氧化乙烯(PEO)、聚丙烯酰胺(PAM)等;油溶性减阻剂如烯烃均聚物或共聚物、聚甲基丙烯酸酯等。从外观形态来分,减阻剂有胶状(gel)减阻剂、糊状(paste)减阻剂等。目前,世界上减阻剂工业化生产的产品主要以黏度和浓度高低来划分,其基本类型及性能见表 2-1。

表 2-1　减阻剂基本类型

序　号	减阻剂类型	优　点	缺　点	应　用
1	高黏度胶状	浓度高,体积小	黏度太大,需对注入设备特殊加压、加热	基本被淘汰
2	水基乳胶状	浓度高,体积小,运输方便	储存时间短,稳定性差	多用于原油管道
3	低黏度胶状	黏度低,注入方便	浓度低,供应难度大	多用于成品油管道
4	非水基悬浮	黏度低,浓度高,储存时间长,稳定性好	—	新技术,原油、成品油管道均可使用

关于减阻剂的减阻机理有很多说法,尚无定论,归纳起来主要有伪塑理论、湍流脉动抑制理论、有效滑移理论、"解耦"作用和黏弹理论,以及表面更新模型,其中较令人满意的是有效滑移理论、"解耦"作用和黏弹理论。目前普遍认为,高效减阻剂应具有以下特点:① 超高相对分子质量;② 高的非结晶性;③ 良好的溶解性和分散性;④ 良好的柔顺性;⑤ 好的抗剪切性。

减阻作用是一种特殊的湍流现象,减阻剂分子既不与油品的分子发生作用,也不影响油品的化学性质,是一个纯物理作用,只与其流动特性相关。管内油品在湍流过程中,流体分子运行速度随机变化,并形成大小不同的漩涡,较大的漩涡在运行过程中吸收能量,发生变形、破碎,向小漩涡转化。小漩涡又称为耗散性漩涡,在油品黏滞力作用下被削弱,其所含的能量转化为热能而耗散。在近管壁处,由于管壁剪切应力和油品黏滞力的作用,能量耗散更严重。

减阻剂加入管道后,呈连续相分散在流体中,依靠其本身特有的黏弹性,分子长链自然成流状,其结构直接影响流体微元的运动。流体微元的径向作用力作用在减阻剂分子上,使其扭曲,旋转变形。减阻剂分子间的引力抵抗上述作用力反作用于流体微元,改变流体微元的作用方向和大小,使一部分径向力被转化为顺流向的轴向力,从而减少了无用功的消耗,宏观上得到了减少摩擦阻力损失的效果。

若管道流体处于层流状态,则流体受黏滞力的作用,没有像湍流那样的漩涡耗散,加入减阻剂也不起作用。随着雷诺数增大,流动进入湍流状态,减阻剂就显示出其减阻作用。雷诺数越大,减阻剂的减阻效果越明显。但当雷诺数相当大,流体的剪切应力足以破坏减阻剂分子链结构时,减阻剂分子产生降解,减阻效果反而下降,甚至完全失去减阻作用。减阻剂的添加浓度影响其在管道内形成弹性底层的厚度,且浓度越大,弹性底层越厚,减阻效果越好。理论上,当弹性底层达到管轴心时,减阻达到极限,即最大减阻。另外,减阻效果还与油品黏度、管道直径、含水量、清管等因素有关。

可见,减阻剂只有在湍流状态的流体中才有减阻作用,且减阻效果与油品黏度、管道直径、管路状况等因素有关。减阻剂的效果常受以下因素影响:

① 雷诺数。管道油品流态需在紊流时起作用,层流流态不起作用。

② 剪切。剪切(如经过泵、炉、弯头、三通等)会使减阻效果部分或完全失效,因此减阻剂只在站间管段内起作用。输油管道若采用加减阻剂输送工艺,则在每站出站后加剂方可保证减阻效果,但此法成本较高。

2.1.2　输油站及其工艺流程

2.1.2.1　首站

1) 功能

首站是长距离输油管道的起点,它接收矿场、油田、码头或转运站来油,经计量后输入干线。由于接收来油与管道输油之间存在不平衡性,所以一般首站都建有大的油罐区及相应的油品计量、油品化验和油品预处理设施,主要由油罐区、输油泵房、油品计量装置及加热系统等组成。首站应具有如下功能:

① 接收来油进罐;

② 油品切换;

③ 增压/加热外输;

④ 压力泄放;

⑤ 清管器发送。

根据管道所输油品,必要时首站还具有加剂功能、反输流程、站内循环流程、交接计量流程等。若存在密度相差较大的油品,首站还可增加密度检测设备等。

2) 工艺流程

首站的操作主要包括接收来油、计量、站内循环或倒罐、正输、加热、发清管器等。图2-8为首站工艺流程图。

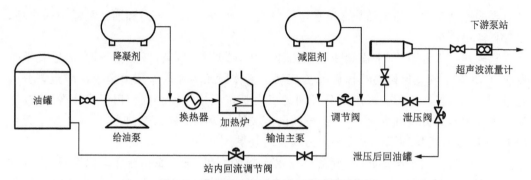

图 2-8　典型原油管道首站工艺流程示意图

图 2-8 中,站内回流调节阀的作用是通过该流程在管道启输前对油品进行启炉加热操作,将未达到外输要求的油品回流至油罐,避免不合格油品进入管线增加运行风险。

2.1.2.2　中间站

1) 功能

原油在沿管道向前流动的过程中,油品的压力和温度不断降低,需要在沿途设置中间站继续为油品提供能量直至将油品送至终点。管道中间站根据功能不同可分为中间泵站、热站、热泵站、分输/注入站、减压站、清管站等,其各自功能见表 2-2。

表 2-2　中间站分类及功能

序　号	站　场	功　能	备　注
1	泵　站	增压外输,清管器接收、发送、转发或越站,压力越站,全越站,压力泄放,泄压罐回注	必要时增加反输流程
2	热　站	加热外输,清管器接收、发送、转发或越站,热力越站,全越站	—
3	热泵站	增压/加热外输,清管器接收、发送、转发或越站,压力/热力越站,全越站,压力泄放,泄压罐回注	必要时增加反输流程
4	分输站	增压/加热外输,调压、分输、计量、标定,清管器接收、发送、转发或越站,压力/热力越站,全越站,压力泄放,泄压罐回注	若存在批次界面,还应具有界面检测设备
5	注入站	增压/加热外输,调压、分输、计量、标定,清管器接收、发送、转发或越站,压力/热力越站,全越站,压力泄放,泄压罐回注	必要时应具有计量标定流程
6	减压站	减压/加热外输,压力泄放,清管器接收、发送、转发或越站,泄压罐回注	—
7	清管站	清管器接收、发送、转发或越站,越站外输	—

2) 工艺流程

中间站工艺流程因输油方式(密闭输送、旁接油罐)、输油泵组合方式(串、并联)、加热方式(直接、间接加热)而不同。

(1) 密闭输送的中间站流程。

密闭输送的中间站主要有正输、反输、越站输送、清管器收发,以及原油在进泵之前加热的"先炉后泵"等流程。"先炉后泵"流程的加热系统在低压下工作,原油加热后黏度降低以提高输油泵效率。中间站无旁接油罐,节约投资,减小原油蒸发损耗。

（2）旁接油罐的中间站流程。

旁接油罐的中间站主要有正输、反输、越站输送、站内循环和清管器收发等操作流程。与密闭输送流程相比,主要不同之处是其设有旁接油罐,以及原油在泵后加热的"先泵后炉"流程。这是因为,一方面,旁接油罐采用泵前加热流程时油罐液位提供的压头一般不足以供应加热炉所需的摩阻,输油泵往往不能正常工作;另一方面,进加热炉的原油流量受上站工况影响,本站操作及控制不便,故多采用泵后加热。但泵后加热使进泵油流黏度高,泵效降低,加热设备承受高压,增大了设备投资而且不安全。旁接油罐流程若设炉前泵给加热炉供油,原油经加热后再进入输油泵,就可以解决这个问题。在大口径输油管道上,为了减少油流在加热炉炉管内的阻力损失,采用只让部分原油进入炉管,再将热油与未加热原油掺混后输送的"冷热油掺混"流程。为了避免掺混时"冷油"节流的损失,炉前泵仅给进炉原油补偿炉管内的阻力损失。

（3）热泵站上"先炉后泵"与"先泵后炉"流程的比较。

热泵站上,根据输油主泵与加热炉的相对位置,站内流程可以是"先泵后炉",也可以是"先炉后泵"。我国于 20 世纪 70 年代建设的管道大多采用"先泵后炉"流程,存在以下缺点:

① 进泵油温低,泵效低。

上游来油油温低,原油黏度大,泵效率下降。以大庆原油为例,"先炉后泵"流程下原油在 60 ℃过泵,而"先泵后炉"流程下,原油在 30 ℃过泵,泵效降低 1.8%。

② 管内结蜡严重,站内阻力大。

站内管线常年在低温下运行,又无法在站内清管,导致结蜡层较厚,流通面积减小,使站内阻力增加,造成电能的极大浪费。如一条年输量 $2\ 000×10^4$ t 的管线,若一个站的站内损失增加 10 m 油柱,则一个站全年多耗电约 80 万 kW·h（约 40 万元）。

③ 加热炉承受高压,投资大,危险性大。

加热炉内压力为泵的出口压力,高达 6.0 MPa,炉管及附件都处于高压下工作,钢材耗量大,投资增加,同时加热炉在高压下工作易出事故,且难以处理,严重时可能引起加热炉爆炸。

图 2-9～图 2-11 为典型原油管道中间热站、热泵站及泵站流程示意图。其中,图 2-10、图 2-11 中均设有站内回流阀,组成停输再启动流程,确保原油管道长时间停输后可满足启输时低输量、高压力的需求。

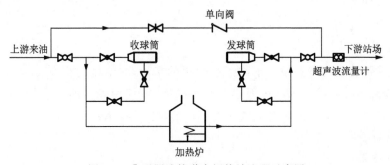

图 2-9　典型原油管道中间热站流程示意图

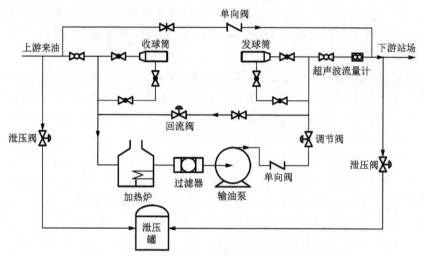

图 2-10　典型原油管道中间热泵站流程示意图

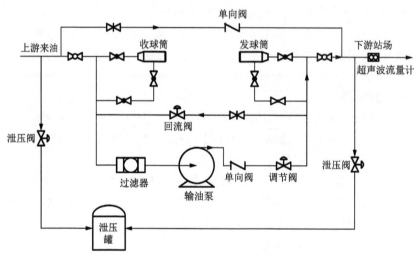

图 2-11　典型原油管道中间泵站流程示意图

我国早年建设的管道采用"先泵后炉"的流程,主要与旁接罐流程有关。在旁接油罐流程下,若采用"先炉后泵"的流程,则进站压力较低,加热炉受上一站的控制。目前我国有些管线已经将"先泵后炉"流程改为"先炉后泵"流程。新设计的管线,不论是采用"泵到泵"输送还是采用旁接罐输送,都应设计为"先炉后泵"流程,但进站压力一定要满足加热炉工作压力的需要。

2.1.2.3　末站

1) 功能

末站是输油管道的终点站。末站接收管道的来油,并给用油企业转运油品或改换运输方式(如铁路、海运等)。末站一般建有较大油库,或使用炼厂油库,同时建有相应的油品计量、化验等设施,实现油品的交接计量。其主要功能如下:

① 清管器接收;

② 来油进罐;

③ 交接计量;

④ 流量计标定。

末站设计对于高程起伏较小,入口压力较低,可不设调节阀,直接进罐。若高程落差较大,则需设调节阀,经其减压调节后再进罐。

2) 工艺流程

末站流程包括接收来油、进罐储存、计量后装车(船)、向用油单位分输、站内循环、接收清管器、反输等操作。典型流程如图 2-12 所示。

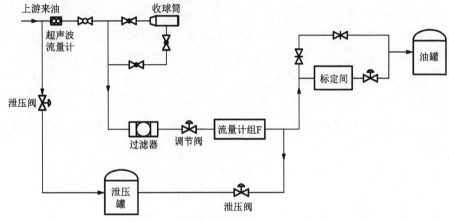

图 2-12 典型原油管道末站流程示意图

因末站多具有油品交接计量任务,对流量计的精度要求较高,图中标定间主要对流量计组进行定期标定。

2.2 输油管道设备

2.2.1 输油泵

国内长输原油管道采用的输油泵,根据其将能量转换成流动的不同方式主要分为两种类型:

① 容积泵。容积泵利用活塞、齿轮或者往复运动装置来强迫流体通过管道。这些泵以浪涌的方式使流体流动,由于不能够使流体保持稳定的流速,所以它们的使用场合受到很多限制。

② 离心泵。离心泵是一种运用离心力并增大流通直径,将机械能转换成压能的机械装置。流体进入泵以后,在离心力作用下加速,一部分动能转换成压能后,流体以一定压力和速度离开泵,沿着管道和主干线流动。目前国内长输管道基本采用离心泵作为压力提供设备。

离心泵的流量均匀,运行平稳、噪声小,即使在大流量下,泵的尺寸也不大且结构简单、紧凑、重量轻。离心泵提供的压力取决于叶轮的直径和转数,而且不会超过由这些参数所确定的设定范围;流量和压力可在很宽的范围内变化,只要改变出口阀的开度就可调节流量和压力;离心泵转速很高,可以与电机、汽轮机或燃气轮机、柴油机直接连接;操作方便可靠,易于实现自动控制,检修维护方便;输送的液体黏度增加时,对泵的性能影响较大,这时泵的流量、压力、吸入能力和效率都会下降。

2.2.1.1　离心泵的工作原理

离心泵在启动之前,泵内应灌满液体,此过程称为灌泵。泵工作时,驱动机通过泵轴带动叶轮旋转,叶轮中的叶片驱使液体一起旋转,因而产生离心力。在离心力作用下,液体沿叶片流道被甩向叶轮出口,并流经蜗壳送入排出管。液体从叶轮获得能量,使压力能和速度能均增加,并依靠此能量将液体输送到储罐或工作地点[4]。

在液体被甩向叶轮出口的同时,叶轮入口中心处就形成低压,使液罐和叶轮中心处的液体之间产生压差,液罐中的液体在该压差作用下不断经吸入管路及泵的吸入室进入叶轮中。这样,叶轮在旋转过程中,一面不断吸入液体,一面不断给吸入的液体以一定的能头,将液体排出。

2.2.1.2　离心泵的工作参数

1) 流量

流量又称为排量,指泵在单位时间内排出的液体量,可用体积流量 Q 和质量流量 G 两种方式表示:

$$Q = vA \tag{2-1}$$

$$G = \rho Q \tag{2-2}$$

式中　Q——体积流量,m^3/s;

v——液体平均流速,m/s;

A——液体流经管道的横截面积,m^2;

G——质量流量,kg/s;

ρ——液体密度,kg/m^3。

2) 扬程

扬程又称为压头,是指单位质量的液体通过泵后所获得能量的大小,常用符号 H 表示。在工程中,泵的扬程习惯用被输送液体的液柱高度即米液柱表示。

泵扬程 H 与管道附近同一水平高度上的进出口压差 Δp 的换算关系为:

$$\Delta p = \rho g H \tag{2-3}$$

式中　ρ——被输送液体的密度,kg/m^3;

g——重力加速度,m/s^2。

泵对液体做的功,不仅要用于提高液体的静压能和动能,还要克服液体在输送过程中的流体阻力以及高程差,因此有:

$$H = \frac{p_d - p_s}{\rho g} + \frac{v_d^2 - v_s^2}{2g} + (Z_d - Z_s) \tag{2-4}$$

式中　p_s、p_d——泵入口和出口处压力,Pa;

v_s、v_d——泵入口和出口处液体速度,m/s;

Z_s、Z_d——泵入口和出口处的高度,m。

3) 转速

离心泵的转速指泵轴在单位时间内转过的圈数,单位为 r/s。

4) 功率

泵在单位时间内对液体所做的功称为功率。其中,原动机传递给泵轴的功率称为轴功率,用 N 表示;叶轮从泵轴处获得的功率称为水力功率,用 N_h 表示;液体最终获得的功率称为有效功率,用 N_e 表示;机械损失功率用 N_m 表示。

$$N_h = \rho g Q_T H_T \tag{2-5}$$

$$N_e = \rho g Q H \tag{2-6}$$

$$N_m = N - N_h \tag{2-7}$$

式中 Q_T、Q——理论流量和实际流量,m^3/s;

H_T、H——理论扬程和实际扬程,m。

5)效率

离心泵的效率 η 指泵轴对液体提供的有效功率与其轴功率之比(即 N_e/N),它的大小反映泵在工作时能量损失的大小。

容积效率 η_V,衡量离心泵流量泄漏的大小:

$$\eta_V = \frac{Q}{Q_T} \tag{2-8}$$

水力效率 η_h,衡量流动损失所占的比例:

$$\eta_h = \frac{H}{H_T} \tag{2-9}$$

机械效率 η_m,衡量机械摩擦损失的大小:

$$\eta_m = \frac{N_h}{N} = \frac{N - N_m}{N} \tag{2-10}$$

泵效率,衡量泵工作的经济性:

$$\eta = \frac{N_e}{N} = \frac{N_e N_h}{N_h N} = \left(\frac{\rho Q H}{\rho Q_T H_T}\right)\left(\frac{N_h}{N}\right) = \eta_V \eta_h \eta_m \tag{2-11}$$

6)允许吸上高度

允许吸上高度也称为允许吸上真空度,表示离心泵能吸上液体的允许高度。吸上真空度越大,泵进口处压力越小,泵容易发生汽蚀。为保证泵的正常工作,泵的吸上真空度应小于其允许吸上真空度,以避免泵入口液体汽化,产生汽蚀现象。

7)比 转 数

比转数是在相似定律上导出的一个包括流量、扬程和转数在内的综合特征数。在选择泵时,常对不同泵的比转数(N_s)进行比较,有:

$$N_s = \frac{N\sqrt{Q}}{H^{3/4}} \tag{2-12}$$

式中 N——泵转速,r/min;

Q——体积流量,m^3/s;

H——理论扬程,m。

任何一台泵,均可根据相似原理,利用比转数,按照叶轮的几何相似与动力相似原理进行分类。比转数相同的泵,其几何形状相似,液体在泵内运动的动力相似。

2.2.1.3 相似规律

相似定律表明了两台相近的泵在不同流量下,其转速、叶轮直径与泵效率之间的关系。相似定律表明,对于一台离心泵:

①泵的流量与转速及叶轮直径成正比;

②泵的压头与转速的平方及叶轮直径成正比;

③ 泵的轴功率与转速的立方及叶轮直径成正比。

根据以上规律,转速与流量、压头、轴功率的关系公式为:

$$Q = Q_1 \cdot \frac{n}{n_1} \tag{2-13}$$

$$H = H_1 \cdot \left(\frac{n_1}{n}\right)^2 \tag{2-14}$$

$$N = N_1 \cdot \left(\frac{n_1}{n}\right)^3 \tag{2-15}$$

式中　n_1——已知特性的泵速,r/min;

　　　n——改变后的泵速,r/min;

　　　Q_1——原转速(n_1)下的体积流量,m^3/h;

　　　Q——新转速(n)下的体积流量,m^3/h;

　　　N_1——原转速(n_1)、体积流量(Q_1)、压头(H_1)下的功率,hp(1 hp=735.499 W);

　　　N——新转速(n)、体积流量(Q)、压头(H)下的功率,hp;

　　　H_1——原转速(n_1)、体积流量(Q_1)下的压头,m;

　　　H——新转速(n)、体积流量(Q)下的压头,m。

直径与流量、压头、轴功率的关系式为:

$$Q = Q_1 \cdot \frac{d}{d_1} \tag{2-16}$$

$$H = H_1 \cdot \left(\frac{d}{d_1}\right)^2 \tag{2-17}$$

$$N = N_1 \cdot \left(\frac{d}{d_1}\right)^3 \tag{2-18}$$

式中　d_1——原叶轮直径,m;

　　　d——新叶轮直径,m;

　　　Q_1——原叶轮直径(d_1)下的体积流量,m^3/h;

　　　Q——新叶轮直径(d)下的体积流量,m^3/h;

　　　H_1——原叶轮直径(d_1)、体积流量(Q_1)下的压头,m;

　　　H——新叶轮直径(d)、体积流量(Q)下的压头,m;

　　　N_1——原直径(d_1)、体积流量(Q_1)、压头(H_1)下的功率,hp;

　　　N——新直径(d)、体积流量(Q)、压头(H)下的功率,hp。

根据离心泵相似原理,在一定转速下,采用不同直径的叶轮,可以获得不同的泵特性。叶轮直径变化后的泵特性可用下式表示:

$$H = a\left(\frac{D}{D_0}\right)^2 - b\left(\frac{D}{D_0}\right)^m Q^{2-m} \tag{2-19}$$

式中　D——调速后泵转速,r/min;

　　　D_0——调速前泵转速,r/min。

管道设计投运后由于油田的产油量波动较大,为了适应生产,多通过更换叶轮的方式改变泵特性以提高管道运行效率。离心泵叶轮的切割量不能太大,否则切割定律失效,泵效率明显降低。叶轮最大切割量与泵的比转数 n_s 相关。表 2-3 给出了泵允许切割量。

表 2-3　泵允许切割量

n_s	60	120	200	300	500
$(D_0-D)/D_0$	0.2	0.15	0.11	0.09	0.07

2.2.1.4　离心泵汽蚀

液体在叶轮入口处流速增加,当压力低于液体介质工作温度对应的饱和压力时,会引起一部分液体蒸发(即汽化)。蒸发后的气泡进入压力较高的区域时,突然受压凝结,于是四周的液体就向此处补充,造成水力冲击,这种现象称为汽蚀。连续的局部冲击使材料的表面逐渐疲劳损坏,引起金属表面的剥蚀,进而出现大小蜂窝状蚀洞。除了冲击引起金属部件损坏外,还会产生化学腐蚀现象,氧化设备。汽蚀过程是不稳定的,会使离心泵发生振动和产生噪声,同时气泡还会堵塞叶轮槽道,致使扬程、流量降低,效率下降。汽蚀是水力机械的特有现象,会带来许多严重的后果,如使过流部件被剥蚀破坏,使泵的性能下降,产生噪音和振动。

为了防止汽蚀,泵入口处液体具有的能头除了要高于液体的汽化压力外,还应当有一定的富余能头,该富余能头称为汽蚀余量。汽蚀余量又分为有效汽蚀余量和泵必需的汽蚀余量。有效汽蚀余量是指流体经吸入管路到达泵入口时高出汽化压力的能头,用NPSHA 表示,其大小与吸入装置的参数有关,与泵本身的结构尺寸无关,且其值越大,越不易发生汽蚀。泵必需的汽蚀余量表示由泵入口到泵内压力最低点的全部能头损失,用NPSHR 表示,其由离心泵的结构参数及流量决定,且其值越小,越不容易发生汽蚀。

提高离心泵抗汽蚀性能的措施如下:
① 改进泵的吸入口至叶轮叶片入口附近的结构设计;
② 采用前置诱导轮;
③ 采用双吸式叶轮;
④ 设计时多采用稍大的正冲角;
⑤ 采用抗汽蚀的材料。
提高进液装置汽蚀余量的措施如下:
① 增加离心泵前储液罐中液面上的压力;
② 减小泵前吸上装置的安装高度;
③ 将吸上装置改为倒罐装置;
④ 减小泵前管路上的流动损失。

2.2.1.5　定速(离心)泵工作特性

对于定速离心泵,其转速固定,泵的扬程 H 与排量 Q 的变化关系称为泵的工作特性。此外,泵的工作特性还包括功率与排量(N-Q)特性和效率与排量(η-Q)特性,如图 2-13 所示。

定速离心泵可以通过实测多组扬程、排量数据,用最小二乘法回归得出泵机组的特性方程。为便于长输管道工艺计算的应用,泵机组特性方程可近似表示为:

$$H = a - bQ^{2-m} \tag{2-20}$$

式中　a、b——常数;
　　　m——列宾宗公式指数,水力光滑区 $m=0.25$,混合摩擦区 $m=0.123$。

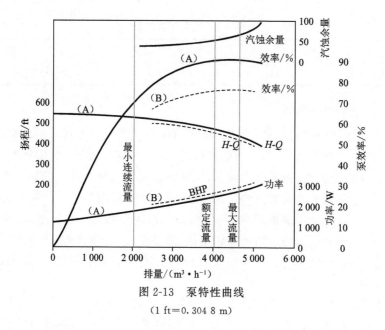

图 2-13　泵特性曲线

(1 ft＝0.304 8 m)

2.2.1.6　变频泵工作特性

调节离心泵转速可改变泵的工作特性,从而调节泵排量和扬程。泵机组的调速措施可分为两类:一类是改变驱动装置的转速实现泵机组调速,如柴油机、燃气轮机等电动机是采用变频器改变转速的机器;另一类是在驱动装置与泵之间安装调速器改变泵转速。目前国内多采用变频器改变泵转速实现泵特性调整。变频泵特性曲线如图 2-14 所示。

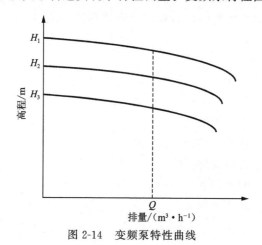

图 2-14　变频泵特性曲线

根据离心泵相似原理,转速变化后的泵特性可由下式表示:

$$H = a\left(\frac{n}{n_0}\right)^2 - b\left(\frac{n}{n_0}\right)^m Q^{2-m} \tag{2-21}$$

式中　　n——调速后转速,r/min;

n_0——调速前转速,r/min。

2.2.1.7　过泵温升

流体过泵后温度上升,其主要原因是流体过泵被压缩而产生绝热温升,加上泵内的摩擦生热及泵缝隙处的泄漏导致的回流生热。泵的温升直接与泵操作流量下的效率有关。

温升的热量是泵输入能量与输出能量的差值。

流体过泵温升可利用基础概念进行计算,即将通过机械效率引起的泵机械能损失转换为热能:

$$T_d = T_s + \frac{\Delta p}{\rho c_p}\left(\frac{1-\eta}{\eta}\right) \tag{2-22}$$

式中　T_d——出口温度,℃;

　　　T_s——入口温度,℃;

　　　c_p——液体比定压热容,kJ/(kg·℃);

　　　η——泵机械效率,%;

　　　ρ——液体密度,kg/m³;

　　　Δp——过泵差压,kPa。

泵正常工作时,液体温度升幅较小,一般在几摄氏度范围内,以某输油管道为例,扬程为 200 m,输量为 600 m³/h,泵入口温度为 32.53 ℃,泵出口温度为 34.56 ℃,过泵后温升为 2 ℃左右。当泵出口阀门关闭或者过泵流量太小时,能量转换为热能,若不能很快地传递出去,可能导致泵内液体温度升高过快,严重时可能导致液体蒸发。

2.2.2　阀　门

阀门是用来控制流体在管路中流动的一种机械设备,通过阀门的开关可以实现控制流体流速、控制流体流动方向、调节管线压力、检修时隔离管线或部件以及紧急事故时中断管输等用途。阀门按其用途和作用分类如下。

(1)截断阀:用来截断或接通管道中的介质,如闸阀、截止阀、球阀、蝶阀、隔膜阀、旋塞阀等。

(2)止回阀:用来防止管道中的介质倒流,亦称单向阀。

(3)分配阀:用来改变介质的流向,起到分配、分离或混合介质的作用,如三通球阀、三通旋塞阀、分配阀、疏水阀等。

(4)调节阀:用来调节介质的压力和流量,如减压阀、调节阀、节流阀等。

(5)安全阀:防止装置中介质压力超过规定值,用来排放多余的介质,从而对管道或设备提供超压安全保护,如安全阀、事故阀等。

(6)其他特殊用途的阀门:如疏水阀、放空阀、排污阀等。

原油管道站内使用的阀门主要有闸阀(泵进出口),球阀(进出站区,调压区,过滤区等),安全阀(收发球筒区、加热炉区等),调节阀(进出站),排污阀(泵、阀门等需要排污设备),单向阀(并联泵的泵出口、串联泵泵进出口、越站区)等。沿线阀室一般采用全通径球阀,若为远控阀门,应具有 ESD(emergency shutdown device,紧急停车系统)功能。

2.2.2.1　阀门的特性

1)阻力特性

根据水力学知识,阀门的阻力特性为:

$$\Delta H = \frac{\xi}{2gA^2}Q^2 = KQ^2 \tag{2-23}$$

$$K = \frac{\xi}{2gA^2}$$

式中　ξ——阻力因数,取决于阀门的结构、口径和开度;

　　　　A——阀门通道的截面积;

　　　　K——集合系数,对于确定阀门,因 A 已经确定,故可把 K 称为阀的阻力系数。

阻力系数与阀门开度的关系称为阀门的阻力特性,是阀门本身的特性。

2) 固有流量特性

阀门固有流量特性是按照规定的技术条件所测量的流量与开度的关系。按照国际单位制规定的技术条件,在阀门前后压差为 0.1 MPa,流体密度为 1 kg/dm³ 下测量的流量称为流量系数,记为 K_V。同时工业上还采用美制阀流量系数,为 1 lbf/in²(约 0.07 kgf/cm²,6.9 kPa)的压差下,通过清洁的冷水量,记为 C_V。以上两种流量系数的换算公式为:

$$C_V = 1.167K_V \tag{2-24}$$

阀门全开时的流量系数叫作额定流量系数,它表示阀门的"最大"通过能力。阀门的固有流量特性常以相对流量与相对开度的关系表示。相对流量是指规定条件下任一流量与最大流量之比,即任一阀门流量系数与额定流量系数之比;相对开度是指任一开度与全开度之比。

3) 静态流量特性

在管道上使用阀门进行调节,待流量达到稳定后,其与阀门开度之间的关系称为阀门的静态(稳态)流量特性。静态流量特性是阀门在一个具体系统上的调节特性,它依附于系统,不能独立存在。

4) 动态流量特性

在一条管道上使用阀门调节,同步测量其流量,获得瞬时流量与阀门开度的关系称为阀门的动态流量特性。动态流量特性也可通过管道水力瞬变计算获得,计算时利用阀门的固有流量特性,把阀门开度与时间相联系,即流量系数随时间变化。

2.2.2.2　调节阀

1) 调节阀 C_V 值

在管道运行时,泵和压力调节阀是控制管线的两大设备。其中泵是产生压力和流动的初始装置,而压力调节阀则用于配合泵设备进行压力和流量调节。管道调节阀的设计除尺寸之外首要考虑阀门系数(C_V)。根据前文可知 C_V 值通过以下公式获得:

$$C_V = 1.17Q\sqrt{\frac{d}{p_1 - p_2}} = 1.17Q\sqrt{\frac{d}{\Delta p}} \tag{2-25}$$

式中　Q——最大体积流量,m³/h;

　　　　d——相对密度($d_{水}=1$);

　　　　p_1——进口压力(最大流量时),kgf/cm²(1 kgf=9.8 N);

　　　　p_2——出口压力(最大流量时),kgf/cm²。

在管道设计时,应根据管输量、调节阀位置及功能需求选择阀门类型。若设计时 C_V 值相对工艺要求而言太小,则阀门本身或阀芯尺寸不够。会使工艺系统流量不够。由于阀门的节流会使上游压力增加,C_V 值太小还会导致阀门或上游其他设备产生较高的背压。另外,C_V 偏小还会造成较高的压降,导致汽蚀或闪蒸。如果 C_V 值比系统需要的高,即选用了一个较大尺寸的阀门,则会存在阀门造价高、尺寸不合适和过重等缺点。此外,若进行节流操作,有效阀位较小,则无法达到目标值,同时较高压降和较快流速会使调节阀产生汽蚀及闪蒸,或造成阀芯零件的磨损。如果闭合元件在阀座上闭合而操作器又不能控制在该位置,那么它将被吸入阀座,发生溶缸闭锁效应(是由低推力执行机构造成的,该执行机构没有足够的推力以保持在接近阀座的位置,导致泵的突然关闭或阀门的突然关闭,从而产生水锤效应)。

2) 流动特性

合理选择尺寸是选择阀门时首要考虑的因素之一。此外,阀门的流动特性等因素对阀门的选择也至关重要。阀门的流动特性描述了阀门系数 C_V 和阀门行程之间的关系,表示在阀门行程的特定百分数内允许通过的流量大小,根据每个阀门特定的流动特性改变其阀位以调节输量。阀门的流动特性通常是由阀芯决定的,所以设计人员必须优先选择使用阀门的类型,以确定合适的阀芯。

调节阀的三种主要流动特性(图 2-15)为:

① 快开流动特性;

② 直线流动特性;

③ 等百分比流动特性。

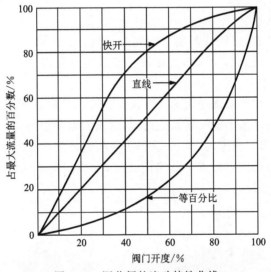

图 2-15　调节阀的流动特性曲线

快开流动特性曲线表示流量随着阀门的开启急剧增加;直线流动特性曲线表示整个阀行程下流量恒定增加;等百分比流动特性曲线表示阀门开始关闭时流量急剧减小。

2.2.2.3　闸阀

闸阀指关闭件(闸板)沿通路中心线垂直方向移动的阀门(图 2-16),即丝杠连接着闸板,旋转阀盘使闸板上下移动,开启或关闭阀门,控制管路内液体的流止。闸阀主要应用于管道泵进出口、加热炉进出口、换热器区及油罐罐根等位置。

闸阀是截断阀,仅供截断介质通路用,不宜用作调节介质压力和流量。由于它的调节性能不好,不能进行微调,若是长期用于调节,密封面将被冲蚀,影响其密封性能。管路中的闸阀可安装于水平管路或垂直管路中,其介质流动方向不受限制。双闸板闸阀应安装于水平管路,且需保证手轮位于阀门上方,不允许手轮朝下安装。闸阀通常采用法兰连接,在特殊场合也有用焊接连接的。

（a）内部结构图　　　　　　（b）示意图

图 2-16　闸阀

对于大口径或高压闸阀,可安装一个旁通阀,以便减小主闸阀启闭力矩。旁通阀可安装在阀体外部,它的进出口弯管分别与闸阀的进出口侧相连通。主闸阀开启前,先开启旁通阀,介质通过旁通阀从阀前进入阀后,以减小主阀闸板两侧的压力差,从而以较小的力矩即可以开启主闸阀。

2.2.2.4　球阀

球阀(图 2-17)是在旋塞阀的基础上发展起来的。它的启闭件是一个球体,围绕着阀体的垂直中心线做回转运动,故取名为球阀。管道主流程多使用球阀,如进出站区、调压区、过滤器区等位置。

球阀来自旋塞阀,它具有旋塞阀的一些优点:中、小口径球阀,结构较简单,体积较小,重量较轻,特别是其高度远小于闸阀和截止阀;球阀的流动阻力小,全开时球体通道、阀体通道和连接管道的截面积相等,且成直线相通,介质流过球阀相当于流过一段直通的管子(在各类阀门中球阀的流体阻力最小);启闭迅速,介质流向不受限制,启闭时只需把球体转动 90°,比较方便且迅速。

（a）结构图　　　　　　　　（b）内部球体

图 2-17　球阀

同时,球阀克服了旋塞阀的一些缺点:启闭力矩比旋塞阀小(旋塞阀塞子与阀体密封面接触面积大,而球阀只是阀座密封圈与球体相接触,所以接触面积较小,启闭力矩也比旋塞阀小);密封性能比普通旋塞阀好。

球阀的介质流动方向不受限制。直通球阀用于截断介质,多通球阀可改变介质流动方向或进行分配。球阀通路最多可做到五通。球阀的通道截面为圆形,且与连接管路的通径相等,这就使清除管壁积垢的扫线器以及当管路中同时输送几种不同油品时用来分开油品防止掺混的隔离球等都可以从中顺利通过,并且球阀启闭迅速,便于实现事故紧急切断,因而广泛应用于长输原油管道沿线阀室。全通径线路球阀结构图和现场图分别如图 2-18、图 2-19 所示。

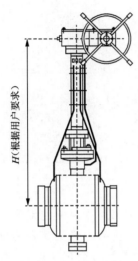

图 2-18　全通径线路球阀结构图　　　　图 2-19　全通径线路球阀现场图

2.2.2.5　安全阀

安全阀是压力设备(如容器、管道)上的超压保护装置。安全阀外形与弹簧式安全阀结构如图 2-20、图 2-21 所示。当设备压力升高达到预定值时,安全阀自动开启泄压,防止设备压力继续升高。安全阀的启闭件受外力作用处于常闭状态,当设备或管道内的介质压力升高到超过规定值时,通过向系统外排放介质来防止管道或设备内介质压力超过规定数值。安全阀属于自动阀类,主要用于锅炉、压力容器和管道上,控制压力不超过规定值,对人身安全和设备运行起重要保护作用。

安全阀在输油管道中主要应用于清管器收发,加热炉等重点设备,保护设备不超压。在输油管道站场生产中,往往会由于管线堵塞、设备异常关断、人员操作失误等,造成设备管线的压力急剧增大而超过允许压力,给站内设备和沿线管材造成损伤。为避免此类事故发生,设计时在相应位置需安装安全阀,当设备压力超过压力设定值时,安全阀自动开启泄放压力。设备超压后,安全阀的油品泄放量较小。油品一般泄放至污油罐。安全阀根据其原理可分为直接式和间接式,目前长输管道主要在收发球区、加热炉区等位置安装直接弹簧式安全阀。

弹簧式安全阀的优点是体积小、轻便、灵敏度高、安装位置不受严格限制;缺点是作用在阀杆上的力随弹簧变形而发生变化。必须注意弹簧的隔热和散热问题。另外由于过大过硬的弹簧不适于精确的工作,所以弹簧式安全阀的弹簧作用力一般不要超过 20 kN(2 000 kgf)。

图 2-20　安全阀外形

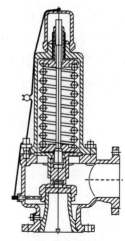

图 2-21　弹簧式安全阀结构示意图

2.2.2.6　止回阀

止回阀曾被称作逆止阀或单向阀,它的作用是防止管路中介质的倒流。止回阀属于自动阀类,其启闭动作是由介质本身的能量来驱动的。止回阀根据其安装及开关方式可分为升降式、旋启式、蝶式。旋启式止回阀根据阀瓣的数目可分成单瓣式、双瓣式和多瓣式三种。升降式止回阀如图 2-22 所示,它的启闭件(阀瓣)沿阀座通道中心线做升降运动,动作可靠,但流动阻力较大,适用于较小口径的场合。图 2-23 为旋启式止回阀,阀内通道成流线型,流动阻力比直通式升降止回阀小一些,适用于大口径的场合,但低压时,其密封性能不如升降式止回阀好。

图 2-22　升降式止回阀

图 2-23　旋启式止回阀

对于大口径止回阀,如果采用单瓣式结构,当介质反向流动时,必然会产生相当大的水力冲击,甚至造成阀瓣和阀座密封面的损坏,因而采用多瓣式结构。多瓣式止回阀的启闭件由许多个小直径的阀瓣组成,当介质停止流动或倒流时,这些小阀瓣不会同时关闭,因而大大减弱了水力冲击。由于小直径的阀瓣本身重量轻,关闭动作也比较平稳,因而阀瓣对阀座的撞击力较小,不会造成密封面的损坏。多瓣式适用于公称通径为 600 mm 以上的止回阀。止回阀阀瓣及双瓣式止回阀阀瓣如图 2-24、图 2-25 所示。

图 2-24 止回阀阀瓣

图 2-25 双瓣式止回阀阀瓣

2.2.3 加热炉

长输原油管道当其外输油品含蜡较高、凝点高或黏度较大时,需使用加热炉加热原油外输,尤其冬季运行更需启炉加热原油,以保证管内油温高于一定的温度。对于添加降凝剂的原油,还需使用加热炉进行综合处理,以满足外输处理要求。按油流是否通过加热炉管,长输原油管道加热方式可分为直接和间接两种。直接加热是指油品直接经过加热炉吸收燃料放出的热量,所用设备是直接加热炉;间接加热是油品经过中间介质(如导热油、饱和水蒸气或饱和水)在换热器中吸收热量,达到升温的目的,所用设备是热媒炉或锅炉。

2.2.3.1 直接式加热炉

1)工作原理

直接式加热炉的燃料油(或天然气)在加热炉辐射室(炉膛)中燃烧,产生高温烟气并作为热载体流向对流室,从烟囱排出。待加热的原油进入加热炉对流室炉管时,原油温度一般为35~50 ℃。炉管主要以对流方式从流过对流室的烟气(600~750 ℃)中获得热量,这些热量以传热方式由炉管外表面传导到炉管内表面,又以对流方式传递给管内流动的原油[5]。

原油由对流室炉管进入辐射室炉管。在辐射室内,燃烧器喷出的火焰主要以辐射方式将热量的一部分辐射到炉管外表面,另一部分辐射到敷设炉管的炉墙上,炉墙再次以辐射方式将热量辐射到背火面一侧的炉管外表面上。这两部分辐射热共同作用,使炉管外表面升温并与管壁内表面形成了温差,热以传导方式流向管内壁,管内流动的原油又以对流方式不断从管内壁获得热量,从而实现了加热原油的工艺要求。

加热炉加热能力的大小取决于火焰的强弱程度(炉膛温度)、炉管表面积和总传热系数的大小。火焰越强,则炉膛温度越高,炉膛与油流之间的温差越大,传热量越大;火焰与烟气接触的炉管面积越大,则传热量越多;炉管的导热性能越好、炉膛结构越合理,则传热量越多。

火焰的强弱可用控制火嘴的方法调节。但对一定结构的炉子来说,在正常操作条件下炉膛温度达到某一值后就不再上升。炉管表面的总传热系数对一台炉子来说是一定的,所以每台炉子的加热能力有一定的范围,在实际使用中,火焰燃烧不好和炉管结焦等都会影响加热炉的加热能力,要注意控制燃烧器使燃料燃烧完全,并要防止局部炉管温度过高而结焦。

2）直接式加热炉的分类

目前我国长输原油管道使用的直接式加热炉主要有立式圆筒形和卧式圆筒形两种。立式圆筒形直接式加热炉的特点是结构紧凑,可减少炉膛容积,占地面积小,耗用钢材少；烟气流向合理,烟囱不高,沿炉截面热分布均匀。

（1）立式圆筒管式加热炉。

立式圆筒管式加热炉（简称立式管式炉）由辐射室、对流室、烟囱和燃烧系统组成。辐射室具有燃烧室的功能,为圆筒结构,立式布置,炉壁采用钢板结构,内壁采用耐火隔热衬里；对流室位于辐射室上部,立式布置,一般为方形结构,外壁采用钢板结构,外壁内侧采用隔热保温衬里；烟囱一般位于对流室的上部；燃烧器通常位于辐射室的下部中央。立式圆筒管式加热炉的基本结构如图 2-26 所示。

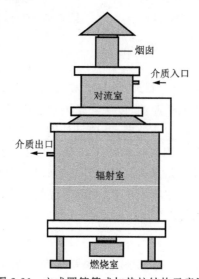

图 2-26   立式圆筒管式加热炉结构示意图

（2）卧式圆筒管式加热炉。

卧式圆筒管式加热炉（简称卧式管式炉）由辐射室、对流室、烟囱和燃烧系统组成。辐射室具有燃烧室的功能,为圆筒结构,卧式布置,炉壁采用钢板结构,内壁采用耐火隔热衬里；对流室为方形结构,位于辐射室的后部,立式布置；烟囱位于对流室的上部；燃烧器位于辐射室的前部中央。卧式圆筒管式加热炉的基本结构及外形分别如图 2-27、图 2-28 所示。

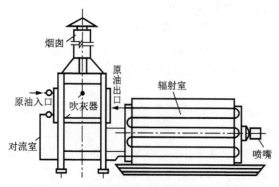

图 2-27   卧式圆筒管式加热炉结构示意图

图 2-28   卧式圆筒管式加热炉外形图

2.2.3.2　间接式加热炉

间接加热系统由热媒炉、换热器、热媒罐、热媒泵、检测及控制仪表组成。热媒炉炉管内流动的是一种载热介质,它先后流经对流段和辐射段炉管,升高温度而带走加热炉炉膛和烟道中燃烧产物的热量。载热介质离开加热炉,流入换热器,将大部分热量传给原油,把原油加热到输送所需的温度。冷却后的载热介质再送回加热炉吸收热量,完成了对原油的间接加热。由上所述,载热介质只是将加热炉中燃料燃烧所产生的热量传递给原油的中间媒介,故习惯上称这样的载热介质为热媒。

热媒是一种闪点高、凝点低、热容高、导热强的矿物油或合成油,性质稳定,低温时不冻结,高温时蒸气压较低,不汽化,且不存在结焦现象,对金属不腐蚀,黏度小,可低温泵送等。

加热系统有两套温度控制系统,分别控制热媒和原油加热温度,能够适应流量的大幅度调整。若换热器的原油流量逐渐降低,原油温度升高,温度控制系统会自动开大热媒旁通阀门,减少热媒与原油的热交换,降低外输油温;若原油温度降低,则关闭热媒旁通阀,增加热媒与原油的换热量。如果管输量变化较大,热媒旁通阀门全开或全关无法调整油温至外输要求,则另一套温度控制系统会自动改变加热炉燃料油开度,通过改变热媒,实现对油温的控制。

2.2.3.3　两种加热炉对比

间接式加热炉的优点是:加热炉运行压力低,使用寿命长;可用于加热多重介质,适应流量的变化幅度较大。其缺点为系统复杂、维护成本高、占地面积大等。直接式加热炉的优、缺点与间接式加热炉相反,但随着直接式加热炉炉效的升高(可达90%),保护系统的完善,加上其操作、维护简单,逐渐被长输原油管道设计采用。

2.2.4　储油罐

原油管道上下游依托的油罐容量较大,目前国内最大单个原油罐容积为 150 000 m³。一般 10 000 m³ 或以下储油罐多为拱顶罐,10 000 m³ 以上多为浮顶罐。因大容量油罐单位容积耗钢率低,占地面积小,油罐的使用率高,所以在地质条件允许的情况下,应尽量选择建设大容量油罐。

国内输油管道多使用立式圆柱形钢油罐,它主要由底板、壁板、顶板及附件组成。按照罐顶的结构形式,立式圆柱形钢油罐又可分为拱顶油罐和内、外浮顶油罐[6]。

2.2.4.1　立式圆柱形拱顶油罐

拱顶油罐的罐顶为球缺形,球缺半径一般取油罐直径的 0.8～1.2 倍。拱顶油罐的最大经济容积一般为 10 000 m³,容积过大则拱顶矢高较大,单位容积的用钢量比其他类型油罐多,且拱顶部分不能储油,增大了油品的蒸发损耗。此类油罐在 20 世纪建得较多,多用在油田内部,近年来在长输管道上下游油库及国家储备库建成投产的大型储油库多采用外浮顶油罐。拱顶油罐示意图如图 2-29 所示。

图 2-29　立式圆柱形拱顶油罐示例图

2.2.4.2　外浮顶油罐

长输原油管道上游油库或者储备库一般库容较大,且原油管道管输量较大,收发油频繁,若单个油罐容积较小,则会造成输油罐切换频繁,容易产生误操作等问题。以 10 000 m³ 拱顶油罐为例,有效罐容约为 8 000 m³,若管输量为 1 000 m³/h,只需 8 h 就要进行一次切罐操作,增大了运行风险。拱顶油罐设计建造及使用的安全经济罐容为 10 000 m³,当前大多采用外浮顶设计,以提升油罐储油能力;外浮顶油罐罐顶与油面接触,随着油位变化升降,罐顶与油面之间基本无气体空间,可有效减少油品蒸发损耗,减少油气对大气的污染,降低油罐发生火灾的风险。外浮顶油罐如图 2-30、图 2-31 所示。

图 2-30　外浮顶油罐示例图

图 2-31　外浮顶油罐罐顶图

外浮顶油罐除了罐体外,为了方便生产管理和维修,还有一些附件,见表 2-4。

表 2-4　外浮顶油罐附件及作用

序　号	附　件	作用及功能	备　注
1	中央排水管	及时排除油罐浮顶上的雨雪,避免浮顶沉没	根据油罐直径选择排水管数量
2	转动扶梯	操作员通过扶梯到达浮顶工作	仰角不大于 60°,如图 2-32 所示
3	浮顶立柱	(1) 避免油罐低液位时浮顶与罐内加热盘管等设备相撞; (2) 检修时支撑浮顶,给检修人员足够的检修和清洗空间	一般为 1.8 m

续表 2-4

序　号	附　件	作用及功能	备　注
4	自动通气阀	进油时,油罐浮顶未浮起,以便排出罐内空气;当油罐油品少,浮顶立于浮顶支柱时,油品外输,向罐内充入空气,避免油罐被抽空	—
5	紧急排水口	若排水管失效,或浮顶上雨水积存太多,超过排水管排水能力,则可从紧急排水口排水	—
6	隔舱人孔	供人员进入浮舱检测是否漏油	如图 2-33、图 2-34 所示
7	量油管	(1)供操作员在罐顶量油; (2)对浮顶起导向作用	如图 2-32 所示

外浮顶油罐的主要优点:

(1)油品蒸发损耗少。由于浮顶与油面充分接触,气体空间小,可有效减少油品蒸发。

(2)油罐利用率高。浮顶密封装置在油品充到接近油罐包边角钢时,有一部分可伸到管壁上去,增大有效利用容积。

(3)火灾风险小。由于油品蒸发损失小,油罐顶部及整个油库油气聚集少,所以发生火灾的危险性降低。

图 2-32　外浮顶油罐转动扶梯及量油管示例图

图 2-33　浮舱内部检查

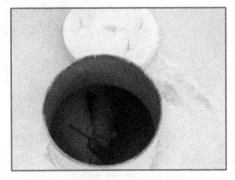

图 2-34　隔舱人孔

2.2.5　流量计

流量计是管道上下游贸易交接和参数控制的重要工具。油田、管道及炼厂根据签订的交接协议,利用流量计进行交接,同时操作员利用 SCADA 系统上传的流量计数据进行参数监控,有利于及时发现管道泄漏等异常工况。

根据工艺要求的不同,流量计的测量可分为瞬时流量和累积流量。单位时间内流经某一有效截面的流体数量称为瞬时流量。瞬时流量可分别用体积流量和质量流量来表示。

2.2.5.1　体积流量

单位时间内流过某一有效截面的流体体积,可用 Q 表示为:

$$Q = vA \tag{2-26}$$

式中　v——某一有效截面处的平均流速,m^3/h;

　　A——流体通过的有效截面积,m^2。

2.2.5.2　质量流量

单位时间内流经某一有效截面的流体质量,常用 M 表示,若流体的密度是 ρ,则体积流量与质量流量之间的关系为:

$$M = Q\rho = vA\rho \tag{2-27}$$

式中　M——质量流量,t/h。

在某段时间内流经有效截面的流体输量的总和为累积流量,可以用 $Q_总$ 和 $M_总$ 表示,即

$$Q_总 = \int_0^t Q\,\mathrm{d}t, \quad M_总 = \int_0^t M\,\mathrm{d}t \tag{2-28}$$

式中　t——时间。

测量瞬时流量的仪表一般称为流量计,测量累积流量的仪表称为计量表。流量计与计量表两者并不是截然分开的,在流量计上配以累积机构,也可以得到累积流量。瞬时流量可用来分析管线数据变化,累积流量可用来进行贸易交接。

2.2.5.3　流量计分类

流量测量的方法很多,其测量原理和所采用的仪表结构形式各不相同。目前有多种流量测量的分类方法,这里仅介绍其中一种分类方法。

1) 速度式流量计

它主要是指以测量流体在管道内的流动速度作为测量依据的流量仪表。例如:差压式流量计、转子流量计、靶式流量计、电磁流量计、涡轮流量计等。

2) 容积式流量计

它主要是指利用流体在单位时间内连续通过固定容积的数目作为测量依据的流量仪表。例如:椭圆齿轮流量计、腰轮(罗茨)流量计、刮板流量计等。

3) 质量式流量计

它主要是指利用流体的质量 M 为测量依据的流量仪表。它具有测量的精确度不受流体的温度、压力、黏度等变化影响的优点,是一种发展中的流量测量仪表。例如:热式质量流量计、补偿式质量流量计、振动式质量流量计等。

原油管道实际应用较多的是利用超声波流量计进行 SCADA 数据监控,利用容积式(刮板)流量计进行交接计量。以下对这两种流量计进行详细介绍。

2.2.5.4　超声波流量计

目前,国内外大多使用超声波流量计对液体管道进行流量监测。国内如西部原油(成

品油)管道,兰成渝、兰郑长成品油管道等均使用超声波流量计。超声波流量计是通过检测流体流动对超声波的作用来测量流量的仪表,其不与被测流体接触,无阻力元件,对管道无压力损失,安装、使用和维修也不影响正常的生产运行,尤其适用于大口径管道流量的测量。

超声波流量计由超声波换能器、电子转换线路、流量显示累积系统三部分组成。超声波换能器采用铸铁酸铅压电元件制作,利用压电效应发射和接收声波,通过检测流体对超声束(或超声脉冲)的影响来测量流体体积流量。超声波流量计具有通用性强、工程量小、安装简便、操作简单等优点[6]。

1)基本原理

超声波流量计是基于超声波在流动介质中传播的速度等于被测介质的平均流速与声波速度的几何原理而设计的,超声波在流动的流体中传播时就载上流体流速的信息,因此通过接收到的超声波就可以检测出流体的流速,从而换算成流量。根据测量物理量的不同,超声波流量计的检测方式可以分为时差法、相差法、声循环法等,包括外夹式、便携式、插入式、管段式、手持式等多种类型。

2)多普勒式超声波流量计

多普勒式超声波流量计是利用多普勒效应法工作的一种超声波流量计。多普勒效应是指因波源与观测者的相对运动,使观测者感觉到声波频率有所变化的现象。换能器为固定声源,随流体运动的分子颗粒起到与声源有相对运动的"观测者"的作用,而超声波遇到分子颗粒将反射回换能器。接收到的声波频率与发射源的声波频率的差值称为多普勒频移。多普勒效应法就是利用流体中的散射体对超声波的多普勒频移现象测量声速的。如图 2-35 所示,换能器 P_1 发射频率为 f_1 的超声波信号,经过管道内液体中的悬浮颗粒或气泡后,频率发生偏移,以 f_2 的频率反射到换能器 P_2,这就是多普勒效应。f_2 与 f_1 之差即多普勒频差 f_d。设流体流速为 v,超声波声速为 c,多普勒频差 f_d 正比于流体流速 v,即

$$f_d = f_2 - f_1 = \frac{2f_1 \sin \theta}{c} \cdot v \tag{2-29}$$

当管道条件、换能器安装位置、发射频率、声速确定以后,c、f_1、θ 为常数,流体流速和多普勒频差成正比,通过测量频差就可得到流体流速,进而求得流体流量。

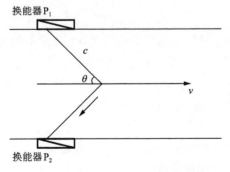

图 2-35 多普勒效应测量原理图

3)时差式超声波流量计

时差式超声波流量计的测量原理如图 2-36 所示,根据超声波脉冲在被测介质的顺流和逆流形成的速度差测量流体的流速。

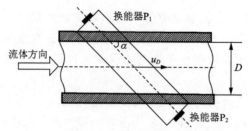

图 2-36　时差式超声波流量计的测量原理示意图

在介质顺流方向，换能器 P_1 向 P_2 发射超声波信号，获得其传播时间 t_1；同理，换能器 P_2 向 P_1 发射超声波获得传播时间 t_2，则 t_1、t_2 及二者时间差为：

顺流时

$$t_1 = \frac{L}{c + v\cos\theta} \tag{2-30a}$$

逆流时

$$t_2 = \frac{L}{c - v\cos\theta} \tag{2-30b}$$

$$\Delta t = \frac{2Lu_D\cos\alpha}{c^2 - u_D^2\cos^2\alpha} \tag{2-31}$$

式中　L——换能器之间的水平距离，m；

　　　c——超声波在被测介质中传播速度，m/s；

　　　α——换能器与管道水平夹角；

　　　u_D——管道介质在声程上的平均流速，m/s。

由于超声波速度远大于介质平均流速，即 $c \gg u_D$，故体积流量表达式为：

$$Q = Au_D = A\frac{c^2\tan\alpha}{2D}\Delta t \tag{2-32}$$

式中　Q——油品的体积流量，m³/s；

　　　A——管道的横截面积，m²。

由于 u_D 是声程上的平均流速，而计算中需要截面上的平均流速，因此需要根据流体力学公式进行修正：

$$\bar{u} = u_D/K \tag{2-33}$$

式中　K——流速分布修正系数，即轴向平均流速 u_D 与面平均流速之比。

对于流速分布修正系数 K，也可以采用经验算法计算：

$$K = \begin{cases} 1 + 0.01\sqrt{6.25 + 431Re^{-0.237}} & Re < 10^5 \\ 1 + 0.2488Re^{-0.5} & Re > 10^5 \end{cases} \tag{2-34}$$

式中　Re——雷诺数。

因此，使用超声波流量计对管道外输油品进行测量时，应根据不同油品各自的物性进行流量修正，以获得更为准确的测量数据。

超声波流量计在原油管道使用中，因管道所输油品物性所限，需经常进行工艺调整，导致流速分布修正系数很难确定，流量计算机不能实现数据的有效补偿，使得管道上下游流量数据相差较大。操作员对流量数据进行工况分析时多使用相对变化值，对于输量的估算多根据日常运行经验，选择温度变化较小的站场结合交接计量数据进行初步估算。

2.2.5.5　容积式(刮板)流量计

容积式(刮板)流量计的测量精度高,可达±(0.2%～0.5%);安装方便,对流量计前后直管段长度无严格要求;适宜测量较高黏度的液体流量;在正常的工作范围内,温度和压力对测量结果的影响很小。同时,其测量介质需洁净、不含固体颗粒,否则会使转动体卡住,甚至损坏流量计,为此要求在流量计前加装过滤器。容积式(刮板)流量计不适宜大管径、大流量测量,当口径较大时,成本高、重量大、体积大,维护不便。

输油管道使用容积式(刮板)流量计进行交接计量时,需根据规程要求定期进行相关标定,以满足交接计量精度需要。流量计可通过移动式标定车或自建体积管标定间进行相关标定。体积管标定间及其结构图如图 2-37 和图 2-38 所示。

图 2-37　体积管标定间

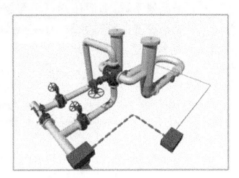

图 2-38　体积管示意图

2.2.6　泄压系统

泄压阀是根据系统的工作压力自动启闭、安装于封闭设备或管路上保护系统安全的设备。当设备或管道内压力超过泄压阀设定压力时,泄压阀自动开启泄压,保证设备和管道内介质压力在设定压力之下。泄压阀是保护管道安全的重要设备,要求其运行安全可靠、便于维修、使用寿命长。相比安全阀,泄压阀的作用主要是保护主管道安全,其泄放量大,承压调节范围大。泄压系统一般由三部分组成:泄压阀、泄压罐和连接管道。

目前输油管道应用较广的泄压阀有三种类型,即先导式泄压阀、氮气胶囊式泄压阀和氮气轴流式泄压阀,其压力泄放效果都能满足管道的要求。

先导式泄压阀依靠阀体内部的导阀来开启,其结构简单,安装方便,不需要额外的辅助设施,但当输送介质黏度大于 50 mm/s^2 时不适用。先导式泄放阀的缺点是不适用于高黏油品,这是由于先导式泄放阀的导管较细,高黏油品易在导管内黏结,影响泄放效果。此类泄压阀多用于成品油管道。

氮气胶囊式泄压阀利用外加氮气系统设定其压力泄放值,需要一套复杂的氮气系统,结构复杂,体积大。氮气胶囊式泄压阀内的胶囊易老化,需要定期更换。另外,在管道投产初期,管道内含有较多的杂质,如焊渣、焊接熔结物以及其他杂物,当泄压阀泄放时,高速泄放的液体中夹杂的杂质可能划伤胶囊。氮气胶囊式泄压阀对输送介质的黏度和凝点没有特殊要求,可适用于高黏油品。

氮气轴流式泄压阀的结构原理类似于先导式泄压阀,所不同的是它利用外加氮气系统,适用于各种油品,缺点是需要一套复杂的氮气系统,投资和运行费用较高。

泄压阀选型方法为先按照经验初选泄压阀口径,将阀的参数输入水击分析程序进行运算,如果分析结果符合保护要求,则所选泄压阀型号与口径适合;否则,应重新选取泄压阀口径,并进行计算,直到满意为止。泄压阀参数的计算在于根据阀的口径及压力给定值确定其泄放量,计算公式如下:

$$Q = 0.086\ 5KF\sqrt{\frac{p_s}{d}}\tag{2-35}$$

式中　Q——泄压阀泄放能力,$\mathrm{m^3/h}$;

p_s——压力给定值,kPa;

d——油品相对密度;

K——黏度修正系数,按照液体的黏度大小取 $0.7\sim0.9$,其中黏度高者取较小值;

F——流量系数,随泄压阀口径与超过压力给定值的百分数(一般情况下,超过压力给定值的百分数取 10%)而异,还与泄压阀的构造有关。

泄压阀结构如图 2-39 所示。

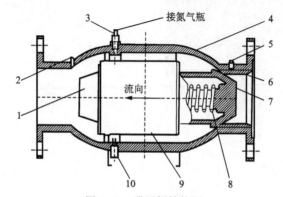

图 2-39　泄压阀结构图

1—导向套旋塞;2、5—阀体旋塞;3—控制气体接口;4—阀体;6—定位器;
7—柱塞;8—弹簧;9—导向套;10—排放口旋塞

目前国内长输原油管道多使用氮气式泄压阀,其安装示意图如图 2-40 所示。

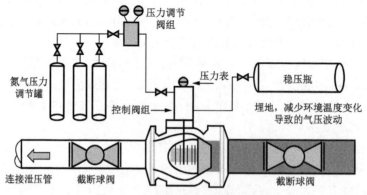

图 2-40　氮气式泄压阀安装示意图

氮气式泄压阀主要由泄压阀主体、调压阀、氮气控制系统等部分组成。氮气控制系统主要用于给泄压阀提供充足的气源和稳定的工作压力:一方面,当阀门中氮气压力低于设定值时,氮气控制系统可自动向泄压阀充入氮气直至达到设定值;另一方面,当气源的供气瓶缺少氮气时,它通过自动监控系统自动切换至备用氮气瓶,并发出缺气信号。此外,为了防止泄压阀充气超压,在控制系统中安装有安全阀。

氮气式泄压阀并联安装在受水击保护的管线上,阀门上游一侧与主管线相联通。阀门投用前应预先向阀门的柱塞腔内充入一定量的氮气,并保持氮气压力使阀门的柱塞与密封环贴紧。输油管道在正常压力运行时,泄压阀氮气设定压力高于主管线压力,泄压阀柱塞保持关闭态,若发生异常工况,则导致水击压力超过泄压阀设定值,主管线压力超过密封氮气压力,柱塞受压被顶开,此时管道内水击波通过泄压阀经泄压管线泄放至泄压罐,实现保护管道的目的。当水击压力泄放至泄压阀设定压力时,在氮气的作用下,泄压阀关闭并恢复至初始状态。

2.2.7　清管器

我国原油具有高含蜡的特点,含蜡原油管道在运行一段时间之后,管道内壁上会沉积一层较厚的蜡沉积物,这会减小管道内径,增加原油在管道中流动过程的阻力损失,相应地会增加动力消耗。例如,我国某条直径 426 mm 的管道在投产 4～5 月后,由于管道内蜡沉积现象严重,摩阻损失增加了 50%,这就大大降低了管道的输送能力。为了恢复管道的输送能力,就必须对原油管道进行清管。通常使用清管器来完成含蜡原油的清管作业。清管器如图 2-41 所示。

图 2-41　清管器

除了含蜡原油管道需要清管外,对于刚刚敷设不久的管道,为了尽快投产,常需要对管道内残留的各种杂物进行清理[7]。随着管道工业的迅猛发展,清管器的发展也日新月异,不但数量庞大,而且种类繁多。清管器可以从材料和结构两方面来进行分类,大致分为软质清管器与机械清管器两类。

清管器的材料可分为橡胶材料、金属材料及聚氨酯材料。

(1)橡胶材料:最早被采用,用来制造清管球。

(2)金属材料:主体用钢材制成,配以钢制刮刀或聚氨酯刮刀、橡胶皮碗以及钢刷等辅助配件。

(3)聚氨酯材料:主体采用聚氨酯材料,没有重的金属部件,重量轻,降低了磨损和摩擦,更具柔顺性,有更好的长距离密封性能,比金属结构的清管器更易通过弯头和三通,性能价格比较优越。

软质清管器指由氯丁橡胶、聚氨酯等材料制成的清管器,包括清管球、聚氨酯泡沫清管器和全聚氨酯整体清管器。

机械清管器是由聚氨酯皮碗和骨架连接而成的,由压缩空气、水或管道输送介质推动,用于清理管道内的积垢、凝蜡、杂质等。按结构可分为直型皮碗清管器、碟型皮碗清管器、直碟皮碗清管器、钢刷清管器、磁力清管器、万向节清管器等。

2.3   输油管道设计参数指标

长输原油管道由于输送距离长、油品复杂、全线摩阻大,在输送高凝点、高含蜡原油时需要加热运行。为确保管道能安全、高效运行,在设计时应充分考虑全线压力、热力损失,优化设置泵站及加热炉站场,逐步加压、加热,接力输送,安全经济地完成油品输送任务。为了达到上述目的,在长输原油管道设计时,须进行工艺计算,其中包括水力、热力、强度及经济性计算,并主要解决以下问题:

(1) 确定管道设计在经济上最合理的主要参数,包括管径、管壁厚度、泵站出站压力和泵站数;

(2) 在管道长度、管径、泵机组型号、泵站数目和工作条件确定后,在管道沿线布置输油泵站,确定站址;

(3) 对已经投产运行的管道,估算及校核不同工况下的操作压力和实际输油量,用以指导输油工作的优化运行。

上述问题是各类输油管道设计必须解决的参数指标,是各类输油管道的基础。

2.3.1   输　　量

以设计任务书给定最大输量(年设计输量 10^4 t/a)作为工艺计算依据,计算时须将其换算成计算密度下的体积流量。考虑管道维修及事故等因素,实际计算时,年输送时间按照 350 d 计算:

$$Q = \frac{G \times 10^7}{\rho \times 8\ 400} \ \text{m}^3/\text{h} \quad \text{或} \quad Q = \frac{G \times 10^7}{\rho \times 8\ 400 \times 3\ 600} \ \text{m}^3/\text{s} \qquad (2\text{-}36)$$

式中 G——年设计输量,10^4 t/a;

Q——体积流量,m^3/h 或 m^3/s;

ρ——年平均地温下的油品密度,kg/m^3。

2.3.2   地　　温

长输等温输油管道,所输油品的油温一般接近埋深处土壤温度,所以管道埋深处的土壤原始地温直接影响所输油品的黏度和密度。在设计过程水力计算时,一般采用年平均地温 $t_{0\text{cp}}$ 所对应的油品物性参数。管道沿线埋深处每月的平均地温 t_0 可通过勘探选线资料提供的数据计算获得:

$$t_{0\text{cp}} = \frac{1}{12}(t_{01} + t_{02} + \cdots + t_{012}) \qquad (2\text{-}37)$$

式中,t_{01},t_{02},$\cdots$,t_{012} 分别为 1～12 月份平均地温,℃。

热油管道建成投产后,一般在站场和关键阀室增加地温测量点。测量点应尽量远离管道及相关热源,以减小热油管道及热源对地温测量数据的影响。

2.3.3   油品密度及黏度

2.3.3.1   密度

油品的密度 ρ 采用管道埋深处土壤年平均温度的数据。可利用实验室提供的油品在

20 ℃时的数据,通过下式进行换算:

$$\rho_t = \rho_{20} - \xi(t - 20) \tag{2-38}$$
$$\xi = 1.85 - 0.001\,31\rho_{20}$$

式中 ρ_t、ρ_{20}——温度为 t ℃及 20 ℃时油品密度,kg/m³;

ξ——温度系数,kg/(m³ · ℃)。

2.3.3.2 黏度

因为原油的黏度在很大程度上取决于其化学组成,所以黏温关系的理论公式实用意义有限[8]。在牛顿流体的温度范围内,国外常推荐以下经验公式。

1) 美国材料试验协会(ASTM)

$$\lg[\lg(\nu + 0.8 \times 10^{-6})] = (a + b)\lg(T + 273) \tag{2-39}$$

式中 ν——油品的运动黏度,m²/s;

a、b——随油品不同的系数,我国油品建议上式等号右侧括号中的系数($a + b$)取 0.6×10^{-6}。

2) 黏温指数关系

油品运动黏度通过下式计算:

$$\nu_{t_2} = \nu_{t_1} e^{-u(t_2 - t_1)} \tag{2-40}$$

式中 ν_{t_1}、ν_{t_2}——温度为 t_1、t_2 时油品的运动黏度,m²/s;

u——黏温指数,℃⁻¹,可通过两个已知黏度值计算得到。

$$u = \frac{1}{t_2 - t_1}\ln\frac{\nu_{t_1}}{\nu_{t_2}} \tag{2-41}$$

式(2-41)适用于低黏度的成品油及部分重燃料油,不同的油品有不同的 u 值,一般规律是低黏度的油 u 值小,在 0.01~0.03 之间;高黏度的油 u 值大,在 0.06~0.1 之间。但式(2-41)不适用于含蜡原油,将实测黏温数值代入公式(2-41)中,u 值随着温度降低而增大,且在 0.10~0.2 范围内变化。

两个常数 A、B 的关系式为:

$$\lg \eta = A + \frac{B}{T} \tag{2-42}$$

$$\nu = \frac{C}{\rho}\exp\frac{B}{T} \tag{2-43}$$

式中 η——温度 T 时油品的动力黏度,Pa·s;

T——油温,K;

A、B——常数。

ν_0、b 和 T_∞ 三个常数的关系式为:

$$\nu_t = \nu_0 \exp\left(\frac{b}{T - T_\infty}\right) \tag{2-44}$$

式(2-44)是式(2-42)的修正,该式中有三个不随温度变化的常数 ν_0、b、T_∞。该式与国内油田实测数据相比,误差较大。

上述黏温关系式要在一定的适用范围内使用,式中系数值随着油品性质、温度范围的不同而变化。应用过程中应将实测的黏温数值代入黏温关系式求出油品的系数值。因式(2-43)只有一个系数 u,应用较容易,工程实际应用较广。同时,为了实际生产更准确,常把黏温曲线分成若干温度区间,不同区间取不同的 u 值。

2.3.4 管材及工作压力

长输原油管道工作压力是管道设计中首先确定的框架性技术参数。工作压力直接决定泵站的数量、站内机组的功率以及管道的耗钢量。工作压力对管道工程的经济性和安全性至关重要。国内外长输原油管道设计参数见表 2-5[9]。

表 2-5   世界陆上油气管道的主要技术参数

序 号	管道名称	管径/mm	长度/km	设计输量/(10^4 t·a^{-1})	工作压力/MPa	建成时间	备 注
1	俄罗斯友谊输油管道	426～1 220	5 327	10 000	5～6	20 世纪60 年代	两期,合计近$1×10^4$ km
2	美国阿拉斯加输油管道	1 219	1 288	4 000	8	1977 年	高纬度严寒地区
3	美国全美管道	762	2 715	2 500	6.3		世界最长热油管道
4	沙特东西输油管道	1 219	1 200	10 000	5.88	1987 年	世界输量最大管道
5	加拿大 Enbridge原油管网	1 219	13 998	3 342	—	21 世纪初	
6	巴库—第比利斯—杰伊汉输油管道	1 067～1 168	1 758	3 820～4 775	—	2005 年	阿塞拜疆首都巴库—格鲁吉亚首都提比里斯—土耳其杰伊汉港口
7	挪威特伊娜油田的油气集输合一管道	—	—	—	—	21 世纪初	将原油和天然气交替输入管道
8	加拿大埃德蒙顿至温哥华输油管道	—	1 260	1 900(300 原油)	—	1983 年	原油、成品油顺序输送管道
9	中国克独原油管道	159	147.2	53	7	1959 年	国内最早
10	中国"八三管道"	—	2 472	4 000	—	20 世纪70 年代	东北原油管道组成的输油系统
11	中哈原油管道	813	2 798	2 000	6.4(境内)	2009 年	国内第一条战略级跨国原油进口管道
12	中国西部原油管道	813	1 858	2 000	8	2005 年	国内最长
13	中俄原油管道	813	935	1 500	8	2012 年	国内最寒冷的原油管道
14	中国日仪原油管道	914	390	2 000(二期 3 600)	8.5	2011 年	国内最粗
15	中国甬沪宁原油管道	762	654	5 000	10	2004 年	国内输量最大

输油管道的总输送耗能取决于输油量、总压力消耗(假定管道位于平地)及输油机组效率,与泵站工作压力大小无关。输油管道工作压力与管道经营费用不直接相关,所以管径确定后,工作压力仅影响管道的建设投资。由于工作压力决定泵站的数量和管道的耗钢量,所以可列出工作压力与工程建设总投资的关系式。输油管道工程建设总投资由泵站、管道以及其他与工作压力无关的工程三部分组成,即

$$I_{o} = I_{os} + I_{op} + I_{oe} \tag{2-45}$$

$$I_{os} = n_{o} S_{os} = \frac{p_{总}}{p} S_{os} \tag{2-46}$$

式中 I_{o}——管道工程建设总投资,元;

      I_{os}——泵站投资,元;

      I_{op}——管道投资,元;

      I_{oe}——管道工程中与工作压力无关工程投资,元;

      n_{o}——泵站数量(不包括末站),$n_{o} = p_{总}/p$;

      $p_{总}$——管道所需总压力,MPa;

      p——管道工作压力(泵站提供压力),MPa;

      S_{os}——每座泵站投资,元。

考虑两泵站间管道按三段变壁厚,则泵站间的管道投资为:

$$i_{op} = \pi d \frac{l}{3} (\delta_{1} + \delta_{2} + \delta_{3}) \gamma S_{p} \phi = \frac{\pi D^{2}}{3\sigma} l p \gamma S_{p} = \frac{\pi D^{2} p^{2} L \gamma S_{p} \phi}{3\sigma p_{总}} \tag{2-47}$$

全部管道投资为:

$$I_{op} = n_{o} i_{op} = \frac{p_{总}}{p} \frac{\pi D^{2} p^{2} L \gamma S_{p} \phi}{3\sigma p_{总}} = \frac{\pi D^{2} L \gamma p S_{p} \phi}{3\sigma} \tag{2-48}$$

式中 i_{op}——泵站间管道投资,元;

      δ_{1}、δ_{2}、δ_{3}——不同管道管壁厚度,m;

      γ——钢材密度,t/m³;

      S_{p}——管材费用,元/t;

      L——管道全长,m;

      l——泵站间管段长度,m;

      d、D——管道内、外直径,m;

      σ——管材钢许用应力,MPa;

      ϕ——管道焊接安装附加费用系数,中、小管道可取 1.05。

将式(2-46)和式(2-48)代入式(2-45),得:

$$I_{o} = \frac{p_{总}}{p} S_{os} + \frac{\pi D^{2} L \gamma p S_{p} \phi}{3\sigma} + I_{oe} \tag{2-49}$$

在式(2-49)中,工作压力 p 对工程总投资 I_{o} 的影响是异向的,应求出使 I_{o} 最小的 p 值。把 I_{o} 对 p 取导数,得出 I_{p} 最小时的 p 值,即最佳工作压力:

$$p = \left(\frac{3\sigma p_{总} S_{os}}{\pi D^{2} L \gamma S_{p} \phi} \right)^{\frac{1}{2}} = 0.348 \left(\frac{\sigma p_{总} S_{os}}{D^{2} L \gamma S_{p} \phi} \right)^{\frac{1}{2}} \tag{2-50}$$

如 $D = 813 \times 11$ mm,$\phi = 2.5 \times 10^{7}$,$L = 1 \times 10^{6}$ m,原油密度为 856 kg/m³、运动黏度为 44×10^{-6} m²/s,线路高差 $Z = 500$ m,采用 L415 钢级管材,S_{os} 取 3.5×10^{7} 元,S_{p} 取

0.6×10^4 元/t,代入式(2-50),可得 $p = 3.9$ MPa。

由式(2-50)可知,无论影响 p 的各种参数如何变化,建设投资最节省的最佳工作压力 p 都不可能很大。按上述计算实例,全线需设 13 座泵站。若为了控制泵站数量而提高工作压力,则必须付出增加建设投资的代价。美国阿拉斯加与加拿大诺曼韦尔斯管道之所以采用较高的工作压力(8~9.9 MPa),很可能与这些管道处于比较严峻的自然环境(次北极的永冻土地带)而必须要减少泵站数量有关。

为了计算管壁厚度,须事先确定出管道所用管材等级、钢管规格及泵站的出站压力。涉及的管材强度极限和屈服值极限可查相关手册。

2.3.5　加热站及泵站

长输原油管道若建成后需要加热运行,则在工艺计算过程需首先进行热力计算,确定全线所需加热站数,由加热站间距离结合全线压头核算出所需泵站数。施工前需在线路纵断面图上布置热站、泵站并进行调整,最终获得热站及站场的合理配置。

2.3.5.1　加热站及热负荷

根据油品物性及运行工艺确定加热站的出、进口温度,即加热站间的起终点温度 T_R 和 T_Z 后,按照冬季月平均最低地温及全线总传热系数 K 值计算获得加热站间距 l_R。由热油管道沿程温降计算公式可知:

$$l_R = \frac{Gc}{K\pi D} \ln \frac{T_R - T_0 - b}{T_Z - T_0 - b} \tag{2-51}$$

式中　G——质量流量,kg/s;

　　　c——平均油温下的油品比热容,kJ/(kg·℃)。

加热站数 n_R:

$$n_R = \frac{L}{l_R} \tag{2-52}$$

式中　L——管道总长度,m。

管道设计过程中,需考虑生产管理的便捷性和社会环境的依托性,运用以上公式计算出的初算结果,结合水力计算尽可能将加热站和泵站合并。确定加热站位置后,可按照站间实际距离及 K 值进行站间进、出站油温核算。

站场进、出站油温 T_Z 及 T_R 计算 q 如下:

$$q = Gc(T_R - T_Z) \tag{2-53}$$

式中　q——加热炉有效热负荷,kW。

加热站的燃料油耗量为:

$$g = \frac{3\,600q}{E\eta_R} \tag{2-54}$$

式中　g——燃料油耗量,kg/h;

　　　η_R——加热系统效率,%;

　　　E——燃料油热值,kJ/kg。

2.3.5.2　泵站

初步确定加热站的数量及位置后,核算加热站站间管道摩阻及全线所需压头,得出每个泵站需提供的压头,确定管线所需泵站数。对于沿线高差起伏大的管道,首先判断出翻越点,随后确定管道的计算长度,最后根据所需压头确定泵站数。

输油泵站的工作任务是不断向管道输入一定量的油品,并给油流供应一定的压力能和势能,维持管内油品流动。泵站的工作特性就是泵站所输出的流量 Q 和压头 H 之间的变化关系,用 $H=f_1(Q)$ 的数学公式来表示。管道的工作特性指管径、管长一定的某管道,输送性质一定的某种油品时,管道压降 H 随流量 Q 变化的关系,可用数学公式 $H=f_2(Q)$ 表示。输油管道工作点是泵站工作特性与管道工作特性相交的点,即泵站提供的能量与管道需要的能量相等的点。

1) 多泵串联泵站特性

泵站的工作特性系指泵站的排量与扬程之间的相互关系。一般离心泵泵站的 H-Q 特性可用类似于描述泵特性的二次方程描述:

$$H_c = A - BQ^{2-m} \tag{2-55}$$

式中　H_c——泵站扬程,m

　　　Q——泵站排量,m^3/h;

　　　A、B——由离心泵特性及组合方式确定的常数。

离心泵串联时通过每台泵的排量相同,泵站扬程等于各泵扬程之和,如图 2-42、图2-43 所示。

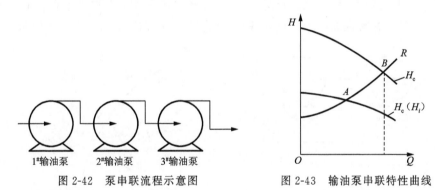

图 2-42　泵串联流程示意图　　　　　　图 2-43　输油泵串联特性曲线

泵站特性方程为:

$$H_c = \sum_{i=1}^{N} H_i = \sum_{i=1}^{N} a_i - \sum_{i=1}^{N} b_i \cdot Q^{2-m} \tag{2-56}$$

由式(2-56)可知: $A = \sum_{i=1}^{N} a_i, B = \sum_{i=1}^{N} b_i$,若泵的型号相同,则泵站特性方程的常数为:
$A = Na, B = Nb$。

2) 多泵并联泵站特性

两台或两台以上的泵,其泵进、出口分别通过管道连接,向同一管道输送油品的运行方式称为并联运行。并联运行的目的是增加流体的流量,适用于流量变化较大、采用一台大型泵运行时经济性差的场合。此外,当泵并联运行时可以有备用泵,能够保证系统运行的安全可靠性。多泵并联流程示意图如图 2-44、图 2-45 所示。

输油泵站里所有的泵,当其并联运行时泵的性能基本相同,即每台泵的扬程相同,且等于泵站总扬程,泵站的排量为每台泵的排量之和,因此,N 台相同型号的离心泵并联,其泵站特性方程为:

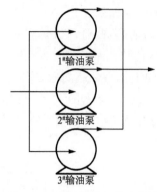

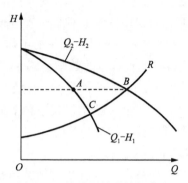

图 2-44   多泵并联流程示意图   图 2-45   输油泵并联特性曲线

$$H_c = a - b \left(\frac{Q}{N}\right)^{2-m} \tag{2-57}$$

由式(2-57)可知:$A = a$,$B = b/N^{2-m}$,其中 N 为泵站数。若并联泵的特性不同,可根据离心泵并联组合的特点,先做出并联泵的组合特性曲线,再根据泵站排量的变化范围,确定泵站的特性方程。

3) 多泵串、并联泵站特性

当泵站的泵机组有串、并联组合时,应先由各泵机组串联和并联特性曲线相加得到泵站特性曲线,然后在特性曲线上取点,回归泵站特性方程,如图 2-46、图 2-47 所示。

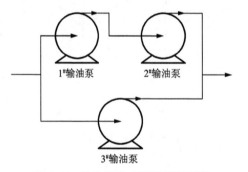

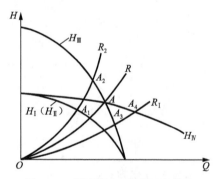

图 2-46   输油泵串并联流程示意图   图 2-47   输油泵串、并联运行特性

泵站的工作特性反映了泵站的扬程与排量的相互关系,即泵站的能量供应特性。泵站的排量就是输油管道的排量,泵站的出站压头就是油品在管内流动过程中需克服的摩阻损失、位差和管道末站剩余压力所需的能量总和。输油管道全线各站的能量供应之和必然等于管道全线的能量需求。

2.3.6   泵站-管道系统工作点

长输管道系统中,泵站和管道组成一个统一的水力系统,管道沿线及站场所消耗的能量以及终点的剩余压力等于泵站所提供的压力能,即二者保持能量供需平衡。管道的流量是泵站排量,泵站的总扬程是管道需要的总压能。泵站-管道系统的工作点是指在压力供需平衡条件下,管道流量与泵站进、出站压力等参数的关系。在设计和生产运行中,常用泵站特性曲线和管道特性(包括剩余压力)曲线(系统曲线)相交的方法确定工作点,进而获得管线输量及站场进、出站压力。系统曲线是管线的静压压头及摩擦损失压头的总和。

2.3.5.1　图解法求工作点

如图 2-48 所示,将泵扬程曲线和系统曲线画在同一个坐标系中,两条曲线相交于一点,记为点 P,即工作点。P 点对应的流量是所给定泵能够维持管线达到的最大流量。P 点右侧的系统曲线,其管道沿线阻力大于 P 点的阻力,但泵提供的压头小,无法克服多余的摩擦损失,若想提高输量,只能更换扬程较大的泵。

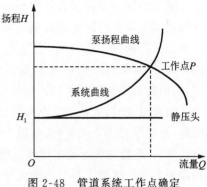

图 2-48　管道系统工作点确定

泵的工作点由三部分来确定:克服流体高程变化的静压压降,管道摩擦损失导致的动压压降和调节阀等设备引起的压降。在图 2-48 中,系统曲线代表了静压压头与摩擦压头损失之和,其中静压压头为常数,而摩擦压头损失与流量的平方(Q^2)成正比。静压压头可以影响曲线上泵的运行区域。

2.3.5.2　计算法求工作点

输油管道的工作点也可通过供需平衡原则确定,即列出管道的压力供应特性方程和压力需求特性方程,然后使二者相等,进而求得工作点。假设一条输油管道有 N 个泵站,且泵站特性相同,沿线管径一样,无分输及注入支线,首站进站压头和各站站内摩擦压头均为常量,则全线压力供需平衡关系式为:

$$H_{s1} + N(A - BQ^{2-m}) = fLQ^{2-m} + (Z_Z - Z_Q) + Nh_m + H_{sZ} \tag{2-58}$$

管道的工作流量为:

$$Q = \left[\frac{H_{s1} + NA - (Z_Z - Z_Q) - Nh_m - H_{sZ}}{NB + fL}\right]^{\frac{1}{2-m}} \tag{2-59}$$

式中　Q——全线工作流量,$\mathrm{m^3/s}$;

　　　N——全线泵站数;

　　　f——水力坡降;

　　　H_{s1}——管道首站进站压头,m 液柱;

　　　H_{sZ}——管道末站剩余压头,m 液柱;

　　　L——管道总长度,m;

　　　Z_Q、Z_Z——管道起点、终点高程,m;

　　　h_m——每个泵站站内损失,m 液柱。

确定工作流量后,即可根据站间压力供需平衡原则,确定各站的进、出站压力。第一站间有:

$$H_{d1} = H_{s1} + H_c - h_m \tag{2-60}$$

$$H_{s2} = H_{d1} - fQ^{2-m}L_1 + \Delta Z_1 \tag{2-61}$$

式中　L_1、ΔZ_1——第一站间管道长度及高差;

　　　H_{d1}——首站出站压头。

其他站间参数计算以此类推。

"从泵到泵"密闭输送的长输管道,全线形成统一的水力系统,不但进口压力相互影响,而且当管道某处发生事故时将导致压力波动,以至于触发水击后波及全线。

2.3.7　节　流

管道的设计输量与实际运行输量存在差距,需要通过泵配置实现阶梯输量的调整,但仅通过泵配置实现输量的调整可调空间较小,往往不能满足实际需求。对于没有安装变频泵而仅有定速泵的管道,在净吸入压力(NPSHR)和最大允许操作压力(MAOP)范围内,唯一控制流量的手段是节流。节流多通过变更调节阀开度控制,即在其内部产生摩擦,从而需要泵提供额外的运行压力,使系统曲线向左偏移。

没有节流时,泵在 H_1 点运行,但当节流阀部分关闭时,系统摩擦增加,产生新的系统曲线,迫使泵在 H_2 点运行,如图 2-49 所示。泵排出管线上的阀门决定减小节流,并改变定速压头-流量曲线上的工作点。假设图 2-50 表示两台装置泵站的压力输出,并且单台泵不能满足泵站要求。为了消除由于泵额外造成的多余输量,需要采用压力调节阀(PCV)进行限制,使工作点向左偏移。这使得管线阻力曲线变得更陡,产生一条压力调节阀部分关闭的新系统曲线 R_2。管线流量会降低至预定输量 Q_2,并且该泵会输出更高的压头 H_2。新的阻力曲线 R_2 由管线流动阻力 R_1 和节流引起的阻力 $H_2 - H_1$ 组成。

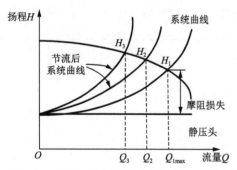

图 2-49　使用调节阀控制产生新的系统曲线

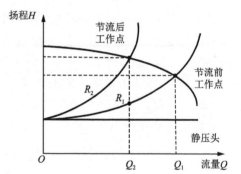

图 2-50　节流导致系统曲线变化趋势

节流是泵内压力与排出压力之差。压力调节阀用来平衡泵站上下游的输量。如果从泵站到泵站的输量相同,则压力不会在第一个限制流动的地点积聚,造成上游压力增加、下游压力降低。

由以上泵站及管道系统分析可知,对管道的调控操作可通过配泵和节流实现。因节流造成的能量损失小于电机启停引起的磨损,所以当管道出现暂时不稳定状态时,可通过节流短时间的调节减少不必要的泵设备启停操作。

设计时为节省投资及便于运行管理,应尽量合理布局并合并加热站及泵站的位置。对于地形起伏大的山区,上坡段泵站间距可能小于热站间距,需设单独泵站;在下坡段,因高程势能可转化为动力势能,泵站间距可能大于热站间距,需设单独加热站。

2.3.8　管道保温

热油管道若穿越纬度较高,因冬季时间较长,管道沿线依托差,设计时可考虑采用保温层,以增加管道热阻,减小沿线热损失,降低沿程温降,从而减少热站、泵站的数量,降低运行能耗费用。若热油管道采用架空铺设,则必须设有保温层。以中国石油长呼原油管道为例,保温方案相对于不保温方案,管道的安全停输时间可延长 15.5 h,有效延长了管道的事故工况维抢修时间,同时管道沿线可减少 5 座热站,不仅总投资降低 1 742 万元,且减少了管道投产运行后沿线站场的维护难度[10]。

保温管道增加了保温层及施工费用,且经过多年运行后,保温层的维护费用较大。对此管道采用保温设计,应综合考虑沿线路由、资源依托状况、运行工艺等问题,通过技术经济比较决定保温层的种类及厚度选择。

2.3.9　技术经济指标

技术经济指标是进行技术经济计算、确定最优方案所必需的,包括综合经济指标和各项经营管理费用的经济指标。综合经济指标:① 线路部分的综合经济指标(万元/km),包括管道本身的价格、管道施工安装费;② 泵站综合经济指标(万元/个),包括设备本身价格、站内工艺管道、建筑物和油罐区等施工安装费用。通过以上两项指标可估算出建设一条输油管道总的基建投资 K。一般线路部分投资约占总投资的 80%,其中管道投资占线路部分的 $45\% \sim 50\%$。各项经济管理费用的经济指标包括:折旧提成、电能消耗、燃料消耗、日常维护费和工作等。输油成本可根据管道设计输量、管道长度、基建和管理费用等参数计算获得:

$$\sigma = x/(GL) \tag{2-62}$$

式中　σ——输油成本,元/(t·km);

　　　x——总经营管理费,元/a;

　　　G——输油管道的输量,t/a;

　　　L——输油管道长度,km。

根据总基建投资 K 和总经营管理费用 x,可计算出当量费用,用以进行方案比较和确定最优方案及最优参数。

2.3.10　管道纵断面图和水力坡降线

2.3.10.1　管道纵断面图

在直角坐标系上表示管道长度与沿线高程变化的图形称为管道纵断面图。其中,横坐标表示管道的实际长度,常用的比例为 1:10 000～1:100 000;纵坐标表示线路的海拔高程,常用比例为 1:500～1:1 000。实地测量所得的纵断面图是泵站布置和管道施工的重要依据。但纵断面图上的起伏情况和管道的实际地形并不相同,图上的曲折线不是管道的实际长度,水平线才是实际长度。

2.3.10.2　水力坡降线

在纵断面图上,管道的水力坡降线是管内流体的能量压头沿管道长度变化的曲线。等温输油管道的水力坡降线是斜率为 i 的直线。如果影响水力坡降线的因素(流量、黏度、管径)之一发生变化,则水力坡降线的斜率会改变,但仍为直线。

绘制水力坡降线的方法:在管道纵断面图上,按照纵、横坐标的比例,平行于横坐标画出一段线段 ca,由 c 点平行于纵坐标向上画出对于 ca 段管道长度内的摩阻损失 cb,连接 ab 得到水力坡降三角形。ab 直线的斜率为水力坡降 i。在管道纵断面图的泵站位置上,以高程为起点往上作垂线,按纵坐标的比例取高为 df 的线段,使 df 的值等于单位为 m 液柱的泵站出站压头 H_d,即进站压头 H_s 与工作点处的泵站扬程 H_c 之和再减去站内摩阻 h_m 之值:

$$H_d = H_s + H_c - h_m \tag{2-63}$$

平移水力坡降三角形的斜边,使之左端与 f 点相接,右端与纵断面线交于 e 点,则斜线 fe 就是该站间的水力坡降线,具体详见图 2-51。纵断面线表示管内流体位能的变化,水力坡降线表明管道沿线静压力损失的情况。管道沿线任一点水力坡降线与纵断面线之间的垂直距离表示液体流至该点时管内的剩余压头,又称动水压力 H_x。

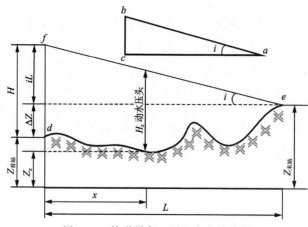

图 2-51　管道纵断面图和水力坡降线

$$H_x = H - [ix + (Z_x - Z_{首站})] \tag{2-64}$$

当水力坡降线与纵断面线交于 e 点时,表示液体到达该点时压能已耗尽,如欲继续往前输送,则必须重新升压。可见,沿线管内动水压力的大小除与地形有关外,还取决于水力坡降线的大小。当管道的输送工况改变,导致水力坡降变化时,沿线管内动水压力也会不同。

参考文献

[1]　杨筱蘅.输油管道设计与管理[M].东营:中国石油大学出版社,2006.

[2]　孙洪亮.原油降凝剂的复配及降凝剂降凝机理研究[D].东营:中国石油大学(华东),2006.

[3]　周江林.油品输送减阻剂的生产工艺过程研究[D].北京:北京化工大学,2004.

[4]　马秀让,郭守香.油泵站及泵机组运行与维护[M].北京:石油工业出版社,2016.

[5]　黄春芳.石油管道输送技术[M].北京:中国石化出版社,2014.

[6]　陈刚,郭祎,于涛,等.兰郑长管道超声波流量计测量误差的修正[J].油气储运,2012,31(11):877-879.

[7]　刘刚,陈雷,张国忠,等.管道清管器技术发展现状[J].油气储运,2011,30(9):646-653.

[8]　李传宪.原油流变学[M].东营:中国石油大学出版社,2007.

[9]　曲慎扬.长距离输油气管道的工作压力[J].油气储运,2006,25(11):19-22.

[10]　郭慧军,郝瑞梅,吴航,等.长呼原油管道保温与不保温方案比选[J].油气储运,2013,32(6):682-684.

第3章

原油管道运行调节与控制

3.1 输油管道控制

在20世纪七八十年代，长输原油管道未采用密闭输送，管道主要由站场人员通过电话实现上下游站场的联系，完成管道启停输、增减量、事故工况处理等运行控制。随着自控通信技术的发展、工艺技术的改进，目前长输管道多采用以计算机为核心的全线数据采集和监控系统（SCADA）将现场设备状态、运行参数上传，通过命令远程下发，实现管道常规和非常规控制。通过控制系统调节管道沿线各个站场的泵、调节阀等设备，以达到压力、流量的目标值。

3.1.1 管道控制分类

管道远程控制可根据操作内容分为常规控制和非常规控制。常规控制主要是根据下达的输油计划或配合现场维检修作业需要，执行管道启停输、增减量、设备切换等操作，是管道系统的主动控制。其操作控制相对固定，对管线的水力、热力影响具有可预见性。非常规控制是管道系统因设备故障、系统保护或外界破坏等非计划性问题而影响管线正常运行，需要人员及时干预，确保管道安全的被动控制。非常规控制更多地依靠操作人员的专业知识和运行经验，根据事件工况特点并结合应急预案，实现管道的安全控制。

利用SCADA系统对输油管道的水力和热力远程操作控制，主要通过对泵、阀门（普通阀门和调节阀）等设备的控制实现。SCADA系统操作画面如图3-1和图3-2[1]所示。

通过人机界面向泵、阀门等设备下发控制命令时，需根据工况特点从全线和站场两个方面考虑控制指令对管道平衡的影响。同时，临界点的控制也至关重要，其决定了管输流量值。长输原油管道临界点控制的主要内容见表3-1。

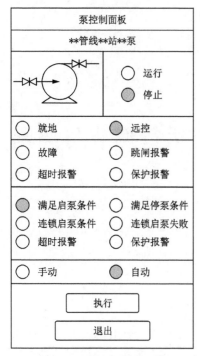

图 3-1　输油泵控制界面

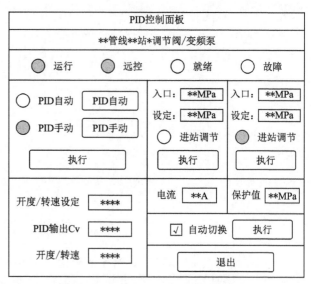

图 3-2　调节阀/变频泵控制界面

表 3-1　长输原油管道临界点控制

序　号	临界点	备　注
1	操作压力限值	出口压力处于或接近最大允许限度;进口压力处于或接近最小允许限度;管道高点压力等于蒸气压;承压处于或接近最大或最小允许限度
2	外电稳定和泵机组的可用性	电力不稳定和泵设备故障,可导致管道停输或降量
3	暂时(异常)工况	泄漏、维抢修、外界破坏及恶劣的天气,可导致管道运行受影响
4	极端的高程变化	控制高点不拉空,压力不小于 0.1 MPa
5	输油计划变更	临时输油计划变更

通过临界点判断管道是否运行在最大效能上,即是否处于优化运行工况。若以下工况出现一条,就可认为管道处于最大输量:

(1)上游场站的出口压力处于最大允许限值,并且下游场站的进口压力处于最小允许限值或下游承压处于最小允许限值。

(2)下游场站进站压力或高点压力处于最小允许限值。

管道运行过程中需根据生产要求调整泵的运行状态、阀门开度等,但为了能对处于临界点的管道实现流量控制,可将管道调节分为"粗调"和"微调",见表 3-2。

表 3-2　长输原油管道调节分类

序　号	工况发生时间	工况处置时间	工况距离	粗调/微调	处置措施
1	长	长	长	微　调	调节阀/泵转速
2	短	短	短	粗　调	调节阀/启停泵

近年来在自控系统发展的基础上,管道保护系统逐步完善,确保设备和管道沿线处于保护限值以下运行,降低了操作控制风险。针对打孔盗油、第三方施工破坏、沿线地质灾害导致的泄漏等工况,可充分利用泄漏检测系统,在现场测试并修正检测数据,实现泄漏后第一时间发现与处置,利用有效的操作控制将事件影响降至最低。

3.1.2　管道控制方式与范围

根据管道运行的管理模式不同,控制系统的架构和范围差别较大。近年来新建管道多按照中心控制(简称中控)、站控系统和就地控制三级控制模式建设。管理模式多为中控远程控制为主,站控和现场就地控制为辅。中控集成全线站场、阀室的重要压力、流量、温度等参数,可以着眼于全线水力、热力系统,将管道上下游压力、温度有效利用,结合完善的保护系统实现管道的安全优化运行。站控系统是控制系统的基础,中控数据均取自站控系统,其对站内设备的维护和管理更有参考意义。在技术上,站控可实现除水击保护系统外所有的中控控制内容,且站控与中控转换时需切换管理权限。设备状态分为就地控制和远程控制两种。设为就地控制的设备,远程状态下无法操作。远程控制设备在站控需要的情况可在中控授权后就地进行操作,比如维检修等现场作业。但远程控制的设备在现场漏油、火灾等危及站场安全等异常紧急工况下,站控人员可不通过中控授权直接进行操作。

3.1.2.1　中心控制

在控制中心可实现对远控阀门、输油泵机组、加热炉系统、调压系统、分输/输入计量系统的操作控制,可调整管道运行的控制变量、预防管道事故、处理异常工况等。控制中心的主要功能如下:

(1) 全线启停输、增减量操作;

(2) 输油泵机组远程启停切换、加热炉远程关闭、远控阀门开关操作;

(3) 主要站场工艺设备运行状态、线路远程控制截断阀和检测点状态监控;

(4) 采集和处理压力、流量、温度等工艺变量数据,并实现动态变量的记录及趋势图显示;

(5) 对报警、事件工况进行实时显示、报警、记录及存储;

(6) 水击保护触发、屏蔽;

(7) 发布执行 ESD(emergency shutdown device,紧急停车保护)命令,包括全线 ESD、线路紧急截断阀、输油泵机组、加热炉系统 ESD 和各站 ESD 阀门的控制;

(8) 对管道沿线各控制点设定压力、流量设定值,处置异常工况,使沿线压力及流量数据低于安全值;

(9) 中控及站控控制权切换;

(10) 管道应急事故处理,如管道发生泄漏、威胁管道安全的水击、沿线各站非正常关闭等应急事故处理等;

(11) 数据分析及运行管理决策指导。

3.1.2.2　站控系统

站控系统是管道运行控制的基础。在中控授权下,站控系统主要有以下功能:

(1) 可自行获取控制权限,并对泵、加热炉等设备及工艺参数进行控制和设定;

(2) 向中控上传经筛选的数据及报警信息;

（3）阴保、电力、消防等系统数据显示与查询；

（4）设备及站场 ESD 系统触发；

（5）站内设备的启停、自动切换及连锁保护；

（6）泄漏检测系统运行与管理；

（7）收发球站控操作与管理。

3.1.2.3　就地控制

就地控制的主要功能如下：

（1）输油泵机组就地启停操作；

（2）加热系统就地启停操作；

（3）阀门就地开启和关闭；

（4）压力、温度、流量设定点就地调整；

（5）ESD 就地按钮动作。

3.1.3　工艺参数调节

3.1.3.1　调节原则

原油管道运行过程中，需对不同的工艺变化、工况事件进行工艺调整，主要包括压力、流量及温度等参数。其中，压力和流量调节存在相关性，若压力变化，则流量也受影响；温度调节存在较大滞后性，一般需通过苏霍夫公式进行初步计算后再进行温度调节。管道实际工艺参数的调节一般遵循以下原则：

1）压力

管线稳定工况运行时，各站进站压力调节幅度不宜超过 0.05 MPa，出站压力调节幅度不宜超过 0.1 MPa；管线非稳定工况运行时，各站进站压力调节幅度不宜超过 0.1 MPa，出站压力调节幅度不宜超过 0.2 MPa。较小的压力调节可通过控制调节阀实现；对于较大幅度的压力调节，可通过调整泵运行数量实现。

2）流量

若流量调节为短时间、小流量且具有节流压力，则多使用调节阀进行控制；对于长时间、大流量调节，多需启停泵操作；对于长时间、大流量调节，需考虑优化运行，一般应根据上下游库存，结合沿线各站配泵方式，建立较为优化的流量台阶，避免或者减小不必要的节流损失。

3）温度

管输原油根据油品物性不同，采用不同的输送工艺。对于凝点高的原油，多通过提高管输油温满足运行要求。油温调整时，优先使用加热炉负荷调节，若油温调节幅度较大，调整已启用加热炉站场的加热炉数量，或调整启炉站场。最终的调整原则需满足下游进站油温高于凝点 3 ℃以上。根据 1.1.4.5 相关内容可知，管输高含蜡原油时，当中间站场启炉重复加热至析蜡高峰温度区间时，可导致油品物性恶化，因此出站油温应避免处于该油温区间。

3.1.3.2　管道的调节

输油管道的调节是通过改变管道的能量供应或改变管道的能量消耗，使之在给定的输量条件下达到新的能量供需平衡，保持管道系统不间断、经济地输油。管道的调节就是人为对输油工况加以控制。输油管道的调节需注意以下几点：

① 在保证完成任务输量的前提下，全线能耗费用最低。

② 对密闭输送管道，全线综合考虑，优先改变泵站的能量供应，减少节流损失。

③ 对旁接油罐方式，管道调节主要是各站间的调节，原则同上。在各站自行调节过程中，尽量减少旁接油罐液位的变化。当流量波动较大时，应优先改变运行的泵站数，然后在小范围内调整各站参数。

首站收油量是不断波动的，一年之内各季不均衡，甚至各个月份也有差别；末站向外转油受运输条件、炼厂生产情况以及管道外输通道的影响。来油和转油的不平衡性必然使管道的输量发生相应的变化，可通过调节来实现管道输量的变化。

根据管道系统的能量供需特点，调节方法可以从两个方面考虑：从能量供应方面考虑，改变泵站特性；从消耗方面考虑，改变管路特性。离心泵的流量调节实质上是改变泵的工作点。由于工作点是由泵的特性曲线和管道特性曲线决定的，所以只要改变两条特性曲线之一就能达到改变工作点的目的。

(1) 改变泵的特性。

根据泵相似定律，改变叶轮直径可实现泵性能的变化，其适用于输量调整可持续时间较长（即泵排量与叶轮直径成正比）的情况。通过对输油泵更换不同直径的叶轮可以在一定范围内改变输量，但泵的叶轮不能切削太多，否则泵效率下降较大，因此这种方法不适用于大幅度改变输量的情况。

(2) 改变多级泵的级数。

该方法适用于装设并联离心泵的管道，由于油源长时间变化较大，当前运行泵的叶轮所能提供的能量与实际要求不匹配，通过增减叶轮数量可实现管输量的长时间匹配控制。目前国内长输管道输油泵多采用单级泵，通过该法实现流量控制的做法较少。

(3) 改变运行的泵站数或泵机组数。

改变泵站或泵机组数，主要用于管道输量调整较大的情况，一般涉及不同输量台阶。对于串联泵机组，可以调整全线各站运行的泵机组数和大、小泵的组合；对于并联泵机组，可以改变站内运行的泵机组数和全线运行的泵站数。

(4) 改变泵的转速。

改变泵的转速，实质也是改变泵的特性曲线。泵的排量与转速近似成正比，扬程近似与转速的平方成正比。当离心泵的转速变化 20% 时，泵效率基本无变化，因此调速是效率较高的改变输量的方法。对于输量调整较频繁的管道，一般在站内增设变频泵，通过变频器驱动实现对泵转速的控制，最终达到输量调节的目的。

(5) 回流调节。

通过回流管路让泵出口的油流一部分流回入口，这种情况下泵的排量大于管路中的流量，在保证出站压力不降低的情况下，减少外输流量。生产过程中，当管输量低于泵最低运行输量且长时间运行时，为避免泵设备参数异常，常采用该方法，但因回流调节在相同输量下泵对油品所做的功并未全部在管道内消耗，反而进入泵入口，消耗了较多的能耗，因此不推荐长时间使用。此外，当原油管道发生初凝事件时，管道流通性差，流量较小，多通过回流调节逐步提升出站压力和流量。流程图详见第 2 章工艺流程相关内容。

(6) 节流调节。

由第 2 章可知，节流是人为地造成油流的压能损失，相比回流调节更节能，适用性强，多用于短时间小流量的调节。通过节流实现管输量调节时,调节幅度一般为单泵扬程的10%~25%。目前密闭输送管道除了少数靠变速调节外,大多采用节流调节法。

由图 3-3 可知,出站调节阀开度为 45%,未处于全开位置,具有一定的节流。根据压力分析,主泵出口汇管压力为 5.8 MPa,出站压力为 5.2 MPa,调节阀节流为 0.6 MPa。若在该工况下需要提量,则可通过增大调节阀开度,减少节流量,实现输量调整。

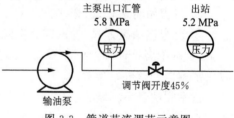

图 3-3　管道节流调节示意图

(7) 油品物性改变。

管道沿线摩阻受油品物性影响较大,油温高,油品黏度小,沿线摩阻小;反之,油温低,沿线摩阻大,能耗高。管输稠油或者受油温影响较大的高含蜡原油,可通过在热力调节范围内加热油品,改变油品黏度,降低沿线摩阻,同时可掺入轻质油来降低油品黏度,实现管道调节。

3.1.4　管道保护系统

管道保护系统根据使用对象不同,可分为单体设备保护系统以及站场、管道保护系统。其中,单体设备主要包括泵、加热炉等,其稳定运行受多部件影响,若发生泵振动、轴承温度或加热炉炉膛温度等参数超过限值等问题,可导致设备损毁,严重时可导致发生重大生产事故,影响管道正常运行,造成经济损失。因此,对于此类设备的敏感参数均设有保护限值,运行过程中若发生保护限值超高并达到一定时间,则设备会自动停运保护。站场和管道保护系统主要保护站场内部设备和管道不超压,同时在面临火灾、爆炸等事件时自动执行站场关闭。

3.1.4.1　单体设备保护系统

单体设备保护系统主要是指站场内具有 ESD 功能的输油泵机组、加热炉系统等。表 3-3 给出泵单体保护内容,运行过程中若参数值达到报警值,SCADA 系统会发出声光报警,提醒操作员进行切泵或者参数调节,将参数值控制到报警值以下。若操作员未进行有效的干预,当参数达到停车值并持续 5 s(厂家给定)后,泵自保护停运。加热炉自保护系统的保护逻辑与泵相同。

表 3-3　泵保护参数表

输油泵	保护内容	报警值	停泵值
主泵	泵壳温度保护	55 ℃	65 ℃
	径向轴承温度超高保护	75 ℃	85 ℃
	推力轴承温度超高保护	75 ℃	85 ℃
	振动保护	3.5 mm/s	5.5 mm/s
	电机定子温度超高保护	135 ℃	145 ℃
	电机轴承温度超高保护	80 ℃	90 ℃
	泄漏量	10 mL	30 mL

3.1.4.2　站场、管道保护系统

站场、管道保护系统主要有限值保护系统、安全泄放系统、紧急停车系统(ESD)及水击保护系统等。其中限值保护系统主要针对泵站进出站、主泵进出汇管等参数,参与站场逻辑保护,若达到限值,则报警并触发保护逻辑。安全泄放系统设定的压力与限值保护有一定压差,一般为 0.3 MPa。根据管理理念不同,其设定值可能高于或低于限值保护数据。以原中国石油和中国石化运行的原油管道为例,中国石油出站泄压值一般高于出站高压保护限值,运行理念为先调节阀门或者停泵实现出站不超压;中国石化出站泄压值一般低于出站高压保护限值,以保护运行为先,优先泄压。紧急停车系统是针对站场火灾、爆炸等工况采取的站场紧急关闭,可以实现站内泵、加热炉、进出站 ESD 阀门紧急停运和切断,实现站场和管道的隔离。水击保护系统是对管道沿线的保护,具有超前性。若下游站场甩泵,对上游管道产生增压波,可通过水击保护系统实现本站的泵设备的提前停运,给下游产生减压波,进而抵消或减弱下游的增压波,确保沿线管道安全,具体详见 3.5 水击保护相关内容。

1)限值保护

管道进出站、主泵进出汇管均设有保护限值,这些保护限值多根据各条管道实际运行特点在设计初期给出,若超限运行,则可通过自控逻辑保护程序停运相关设备,保证站场及管道不超压。管道运行需注意以下事项:

① 运行操作中需避免压力超过保护限值;

② 若根据生产需要对压力限值进行调整,则需经设计人员给出调整方案及变更文件后才可进行。

某输油管道进出站压力保护限值见表 3-4,SCADA 系统限值保护界面如图 3-4 所示。

表 3-4　某输油管道进出站压力保护限值

站　场	开关名称	安装位置	设定值/MPa
1#站	压力变送器	给油泵入口	−0.05
	低压保护压力	输油主泵入口	0.3
	高压保护压力	输油主泵出口	8.0
	高压保护压力	出　站	7.8
2#站	低压保护压力	输油主泵入口	0.3
	高压保护压力	输油主泵出口	9.0
	高压保护压力	出　站	7.8
3#站	低压保护压力	输油主泵入口	0.3
	高压保护压力	输油主泵出口	12.0
	高压保护压力	出　站	7.8

站场泵保护	投用/屏蔽
1#泵站	
给油泵入口汇管压力低于**MPa停泵	☑
主泵入口汇管压力低于**MPa停泵	☑
主泵出口汇管压力大于或等于**MPa停泵	☑
出站压力大于或等于**MPa停泵	☑
2#泵站	
主泵入口汇管压力低于**MPa停泵	☑
主泵出口汇管压力大于或等于**MPa停泵	☑
出站压力大于或等于**MPa停泵	☑

图 3-4　SCADA 系统限值保护界面

以 2# 站出站高压保护为例(图 3-5),出站高压保护压力与输油泵机组连锁。当出站压力达到高压保护压力设定值 7.8 MPa 时,保护报警并按连锁顺序停输油泵(调用紧急停泵控制程序),对出站管线进行保护。具体执行逻辑如下:

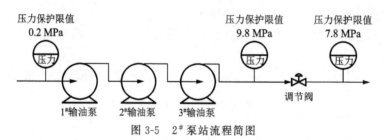

图 3-5　2# 泵站流程简图

① 按照输油泵运行状态信号确定连锁停泵的泵号及顺序;停泵顺序为从泵出口汇管倒序停,如 3#→2#→1# 输油泵,当其中某一台泵为停运状态时,直接跳过该泵的连锁保护,连锁到下一台泵。

② 高压保护压力报警,信号持续 5 s(具体时间需根据现场实际确定)或出站压力达到 7.8 MPa(以先到为准),则连锁停泵。

③ 当每台泵停运(检查到停止状态信号)后,若高压保护压力报警信号仍存在,且信号持续 20 s 或出站压力达到 7.8 MPa(以先到为准),则继续按照顺序连锁停泵;否则,若高压保护压力报警信号消失或出站压力低于 7.8 MPa(以先到为准),延时 5 s,程序结束。

2) 安全泄放系统

根据氮气式泄压阀原理,一般在输油管道首末站、中间泵站、减压站等站场的进出站设定压力泄放系统,日常运行的主要事项如下:

① 对于设置安全泄放系统的站场,正常工况操作时需避免达到泄压设定限值;

② 若管线发生泄压工况,则需做好泄压罐监控,避免冒罐;

③ 泄压系统现场实际值与设计值偏差应小于 0.2 MPa。

某管道不同站场泄压值数据见表 3-5,泄压系统流程图如图 3-6 所示。

表 3-5　某管道不同站场泄压值数据

站　场	位　置	泄放流量/(m³·h⁻¹)	泄压值/MPa
1# 泵站	出　站	1 180	7.8
2# 泵站	进　站	1 180	6.0
	出　站	1 180	8.0
末　站	调节阀前	1 180	9.8
	调节阀后	1 180	2.0

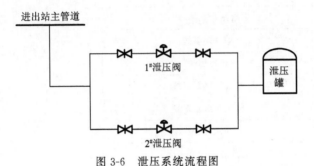

图 3-6　泄压系统流程图

以表 3-5 中管道 2# 站为例,可导致本站发生泄压的工况见表 3-6。

表 3-6　导致 2# 泵站泄压的工况表

站　场	位　置	工　况	备　注
2# 泵站	出　站	① 下游 3# 站甩泵,阀门关闭; ② 下游与 3# 站场间阀门关闭	下游工况导致增压波传至本站
	进　站	① 2# 站内甩泵,阀门关闭; ② 上游 1# 站启泵,对 2# 泵产生进站增压波	本站或上游站工况导致进站超压

3) 紧急停车保护(ESD)

输油站站场设备及站控室需设置紧急停车保护功能,触发信号可同时上传至中控,当站场发生泄漏、火灾等事故时,现场人员根据事态情况自行触发设备或站场 ESD,将泵、加热炉及进出站 ESD 阀门关闭,实现站场与管道的隔离,同时触发全线水击保护程序,使管线紧急停输。站控 ESD 按钮如图 3-7 所示。

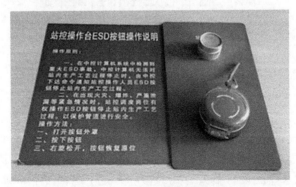

图 3-7　站控 ESD 按钮

4）水击保护

根据第 1 章管道瞬变流原理,在管道发生异常工况时由程序自动触发水击保护程序,通过停运泵设备、调节调节阀等操作,避免管道超压。管道水击保护系统一般采用单独的 PLC 编写执行。水击触发完毕后,中控需对水击保护程序进行复位,站场人员需对现场设备进行复位,然后才能进行管道启输等操作。典型站场水击保护触发条件见表 3-7。

表 3-7　典型站场水击保护触发条件

站　名	序　号	水击触发条件	执行程序
首　站	1	ESD 触发	＊＊首站事故全线水击保护程序
	2	进出站 ESD 阀关闭	
	3	站关闭事故	
	4	停电事故	
	5	给油泵甩泵事故	
	6	输油泵甩泵事故	
中间泵站	7	ESD 触发	＊＊中间站事故全线水击保护程序
	8	进出站 ESD 阀关闭	
	9	站关闭事故	
	10	停电事故	
	11	输油泵甩泵事故	
中间热站	12	ESD 触发	＊＊中间热站事故全线水击保护程序
	13	进出站 ESD 阀关闭	
	14	站关闭事故	
末　站	15	ESD 触发	＊＊末站事故全线水击保护程序
	16	进出站 ESD 阀关闭	
	17	站关闭事故	
＊＊号阀室	18	＊＊号阀室关断事故	＊＊号阀室事故全线水击保护程序

水击保护执行具体详见 3.5 相关内容。

3.2　输油管道操作控制措施

密闭输送的长输管道,全线形成统一的水力、热力系统,当对设备进行控制时,会影响上下游全线的压力、油温、流量等参数。操作员执行日常操作或对异常工况紧急处置前,应将管道作为一个统一的整体进行分析决策,考虑关键设备状态的变化对全线水力、热力系统潜在的影响。

管道执行正常工况操作前,要合理、有效地利用全线分析法,对全线水力、热力系统的变化实现预判。全线系统分析法是将管道沿线站场相关设备与管道作为一个统一的水力系统来实现决策的过程,而不是仅针对系统中单个设备做出决策。因此,在发布命令之前,操作员需要考虑这些决策对整条管线的影响。对工况调节后可能导致的问题与潜在风险提前进行分析,有助于操作员做出安全合理的决策。当发生甩泵、泄漏等异常工况时,通过判断水力系统上下游变化趋势,及时锁定异常工况的发生位置,可确定对全线水力的影响,对异常工况进行干预处置,确保管道安全运行。管道全线系统分析法的主要应用如下:

(1) 对管道沿线某站进行操作前,需对上下游进行提前干预,确保有充足的压力余量,保证操作站场上游不超压、下游不低压保护停泵。

(2) 从全线压力损失考虑,充分利用上下游余压,降低整个系统压力,减少泵运行台数。

(3) 从全线考虑合理配置加热炉运行数量,优化油温,实现节能降耗。

通过以上调整可降低运营成本,延长设备使用寿命,减小管线节流导致的压力损失,提高运行效率及操作安全性。

3.2.1　输量控制

管道运行遵循的原则取决于管道公司的目标——以最小的成本取得最大的利润。一定的输量台阶对应相应的运行成本,输量越大,其利润率相对越高。因此,在输量控制中,应尽量在一定输量台阶下提高管线输量。运行过程中导致最大输量变化的因素有很多,其中配泵方案、管道沿线结蜡、油温变换、清管周期等与流体特性以及摩阻损失有关的影响因素会影响管线系统的输量台阶。同一输量台阶下,一般配泵数量相同,即站场提供的压力相同,其他影响因素决定管输量的变化。

输量控制时,需满足管材设计标准及设备参数控制等安全要求,主要包括最大运行压力和最低压力控制,如设备、管线设计、泵、阀、油品特性等相关的最小或最大压力限值。正常运行时,管道沿线均需低于 MAOP(最大允许运行压力)。此外,为了保证泵设备正常运行,应由设备及油品特性影响的泵最低入口压力限值等参数同时限制管道输量。这两个限值决定管线所能达到的最大输量。操作员只有充分了解管道安全操作限值,才能实现高效的输量控制。

掌握管道参数控制限值、设备性能、流体特性及水力学知识,不仅有利于单个输油站、单台设备的能耗优化决策,而且能更好地运用全线系统分析法,从整个系统的角度上考虑总耗能,确定在何处进行关键性的调整以提高管道运行效率。通常情况下,当能量消耗主要在流量而不在压力上时,系统的效率最佳;如果流量降低,而消耗能量不变,则系统效率将会降低。

在同一输量台阶下,可使用调节阀调节下游进站压力、高点压力等来实现管输量控制,实现在一定输量台阶下的最大输量。从全线水力系统考虑,分析各个管段摩阻损失,通过优化泵机组运行方案,使系统在全线流量不变的前提下减少能量消耗。同时利用全线系统分析法确定管线当前状态,预测短时期或长时期的趋势变化。例如,当管线处于稳态运行,未达到工况临界点(对应于下游最小压力的最大排出压力)时,其输量可通过调整上游出站压力至最大出站压力、下游进站压力至最小进站压力,增大该管段水力坡降线斜率来实现最大目标输量。根据以上操作原则,结合全线系统分析法,在操作控制过程中借助调节阀的压力设定功能控制(PID)操作限值,减少对管道平衡的影响。

3.2.2　管道平衡运行

管道平衡运行是指沿线进入和离开管道的油品体积相同,若存在差值则表明管道存在充装或者泄流工况。利用全线系统分析法,对比分析上下游流量计数据变化趋势、注入量与分输量的变化情况,以及流量和压力变化的关系来确认管线充装或泄流的情况,进而进行必要的调整来保证管道平衡。管道实际运行中需控制其处于平衡运行状态,避免由于充装或泄流导致的压力增加或液柱分离。若发生此类工况,需及时采取措施恢复管道平衡,避免泄漏或阀门关闭等异常工况被掩盖而不能第一时间被发现。

3.2.3　管道控制

管道控制是为取得期望流量或对管线压力进行约束时使用的方法。若管线处于稳态,则控制的变化应小且不频繁;若对较大的异常事件进行控制响应,则所需的控制变化大且频繁。运行控制的大小和频率应根据管道工况进行相应调整。管道在进行控制前需从全线系统进行评价(评价控制变化的大小和频率可能对当前工况的影响),明确控制措施的顺序,确认上下游站场其他控制设备的反应,并确定管道变化的优先权。

利用全线系统分析法可以帮助运行人员制定操作执行程序,分析当前工况、控制优先权及进行控制后对管道的影响,进而确认参数改变的大小和时间间隔,制定调节范围,由操作员根据管道当前状态设定一定时间内的参数值。

运行人员在做出操作时应充分考虑参数变化的大小和类型,并评估其改变对其余管段的影响。下发的命令和设备反馈应能预测结果,当观察到的参数变化超过调节范围时,需利用全线系统法分析获得参数变化,监控好上下游管道压力及流量,避免超压或者抽空等给管道安全带来风险。及时掌握全线变化趋势,并对工况进行评价,确定优先权,尤其针对泄漏导致的压力和流量异常等参数变化,应优先考虑。若发生异常工况,不能使用全线系统分析法分析制定合理的操作程序,而一味地进行控制补偿,则待管线趋于再次稳态时就很难识别异常工况,尤其发生大的泄漏事件时,管道无法达到新的稳态平衡,造成较大的事故工况。

在操作程序制定及执行过程中,应从已有问题和潜在问题两方面进行控制,确认并解释工况变化,分析处理各类异常工况,确定其对全线的影响,确认问题的大小,减小异常工况对全线的影响。与此同时,应能预判参数变化引起的潜在问题,提前采取有效的控制措施。

以图 3-8 为例,初始工况全线四个站场均开泵运行,各个管段的水力坡降线为实线,但当将 C 站停运时,利用全线分析法可知,管道沿线站场提供的能量减小,管输量降低,可导致 B 站进站压力上升,D 站进站压力下降,要想通过 B 站弥补 C 站减少的能量,需提高 B 站出站压力。若 C 站为不可越站,则 B 站提供的能量无法弥补 C 站停运所导致的能量损失,管线将面临停输。

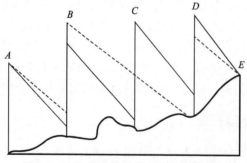

图 3-8　C 站停运前后的水力坡降线变化

3.2.4　泵机组选择

管道系统根据沿线水力需求,对泵的设计规格一般不同,在管道控制时需根据泵特性进行调整,评价预期输量下的泵效率,将泵的运行控制在高效区。实际选择泵时,应根据站内供电情况及扬程大小合理配置。泵站在设计时,一般采用两路外电,站场供电将外电母联后供给不同的泵。母联就是把母线连接起来,上面一般有隔离开关和断路器,目的是增加供电可靠性,平时一般是断开的。两边一般分别接两个不同的变压器,如果一个变压器坏了,把断路器和隔离开关闭合就能用另一台变压器继续供电给关键负荷。在选择运行泵时,尽量启用不同外电的泵设备,确保一路外电失电后站内还有泵运行,减小对全线系统的影响。在泵切换或启停时,应合理设定调节阀开度或设定值,避免泵启停瞬间对全线压力和输量的影响。

3.2.5　决策程序

决策程序是利用输油管道全线系统分析法,结合 SCADA 系统报警信息、事件记录及压力、流量趋势进行工况分析的过程。分析时,主要针对运行参数设定的范围、变化大小和变化率进行,内容包括:

① 哪一个或哪些参数发生了变化?

② 这些变化将对管道产生什么后果?

③ 导致参数变化可能的原因有哪些?

④ 变化能否导致事故?

⑤ 变化发生的时间间隔是多少?

当事故原因未知或预期结果不明时,必须在决定采取最恰当的措施前确定事故原因或预期结果,具体内容包括:

(1) 事件定义。

首先,根据图 3-9 的管道工况决策模型定义事件类型。模型给出了针对事件发生后操作员面对的问题,以及获得操作员对工况处置后可能导致的结果。不仅可利用模型对异常工况进行分析,而且可对日常操作进行评估,如在通过泵机组选择来满足管道水力要求的情况下使能耗费用最小。

(2) 分析工况产生原因。

不同工况发生后产生的压力、流量等参数的变化趋势可能相同。事件发生后,操作员应列出趋势变化可能导致的所有工况,为最终的工况确认做准备。

(3) 确定工况发生原因。

操作员通过查看管道压头损失、流量变化、泵压、站压差、事故点压力和上下游泵站的压力,同时结合管道报警信息及事件记录,确定工况发生的最可能原因。

(4) 核实最可能的原因。

根据 SCADA 数据、现场人员反馈及设备的远程测试,核实事件工况发生的原因。

(5) 优选处置方案。

一旦确认工况发生的根本原因,立即确认解决方案及步骤,确定可行处置方案并选择最优方案,确保事件处置过程安全、可控、最优。

以上分析过程可通过管道工况决策模型实现,具体如图 3-9 所示。

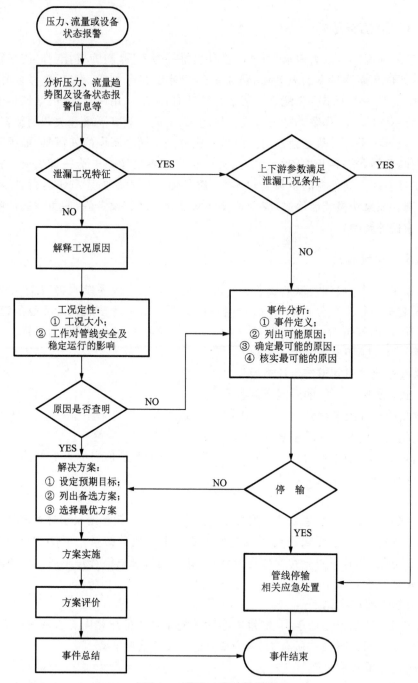

图 3-9 管道工况决策模型

通过以上分析内容及参数变化确认实际工况时,需要优先判断参数变化是否符合以下泄漏工况的特征:

① 上游排出压力突然降低;

② 上游调节阀节流或变频器控制百分比突然发生变化;

③ 上游出站流量增加,下游进站流量减小,变化幅度可能不明显;

④ 上游电机电流增大;

⑤ 下游吸入压力突然降低,且降低幅度可能不大;

⑥ 下游调节阀节流或变频器控制百分比突然发生变化;

⑦ 分输点背压突然降低,且降低幅度可能不大;

⑧ 管道某处出现液柱分离,且 10 min 内无法恢复。

当出现的异常特征符合以上所描述的 3 种及 3 种以上时,应立即执行管道停输操作。如果仅符合 1~2 种以上工况,则需根据全线系统分析法参照图 3-9 的分析决策模型进行工况确认,做出有效的处置决策,及时控制泄漏等异常工况。判断工况的时间应控制在 10 min 内,若 10 min 内判别出造成参数异常波动的原因,则根据具体的工况判断做出相应的决策响应;若 10 min 内仍无法分析出造成参数异常波动的原因,则必须执行全线停输操作。管道工况决策程序也是操作员在日常操作过程中要遵循的 10 min 法则。10 min 法则可以帮助操作员有效、及时地处理异常工况,避免事态扩大。

3.3 工况分析

原油管道稳定运行时,全线压力、流量等参数稳定,但运行过程中难免会出现站场设备故障、管道沿线异常等问题,例如各种原因造成的甩泵、站场关闭、泄压阀误动作、管道沿线泄漏等。此外,现场作业时也可能出现管道异常工况,如清管时因管道长时间运行管壁结蜡明显、杂质低点沉积、清管过程杂质较多,清管器无法通过,最终出现清管器卡堵或者管道蜡堵等一系列异常工况。异常工况发生后,若不能及时发现处置,则可导致管线停输;若是管道泄漏,则可能导致重大环境污染等次生灾害。原油管道工况发生后,压力、流量、温度等参数随时间变化而保持不变、增加或降低的现象叫趋势,即参数随时间的变化关系。趋势分析是对 SCADA 系统所保留的一定时间内的数据进行对比分析。实际运行中,可利用压力、流量等重要参数的趋势图(图 3-10)结合 SCADA 系统设备状态变化、事件记录等数据进行工况分析。

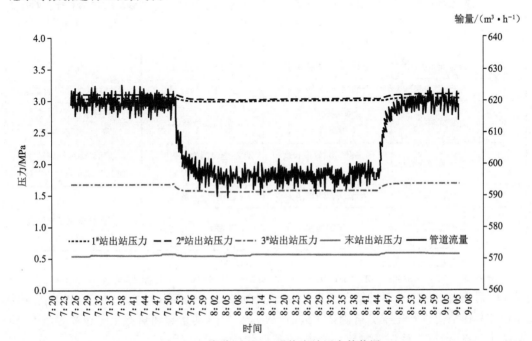

图 3-10 管道 SCADA 系统出站压力趋势图

工况发生后。参数的变化可归为两类:一类是参数突变,存在明显的变化;另一类是长周期的,短时间较难发现。为了确定变化是否有明显的增加或降低的趋势,须先选定一个允许的变化幅度。允许变化幅度是描述变化量与发生变化所需时间的度量标准,可根据管线当前的运行状态和估计的变化来选择。例如管线稳定运行时,为了更好地实现工况的有效监控,相比管道启停输等操作时期,其压力和流量的允许变化幅度数值小,时间周期长。对于管壁结蜡等长周期趋势的变化,需要设定较长的时间周期和较小的摩阻变化限值。表 3-8 给出了压力和流量变化幅度与工况分析关系。

表 3-8　压力和流量变化幅度与工况分析关系

序　号	允许变化幅度	用于分析工况	不用于分析工况
1	数值小时间长	稳　态	事　故
2	数值大时间短	事故、工况操作	稳　态
3	数值小时间短	事　故	稳　态

某一参数的变化对管线的影响取决于当前的运行状态(如稳态或瞬态)及允许变化幅度的大小和时间的长短。趋势变化可以是短期的——持续几分钟或几小时,也可以是长期的;可以是渐变的,由微小变化量慢慢积累,也可以是很快的,累积速度很快。局部范围内的趋势变化可能影响整条管线,当变化量超出预期的幅值和时间时,需结合 SCADA 系统报警信息及事件记录进行分析解决。异常工况发生后的压力、流量趋势详见表 3-9。

表 3-9　异常工况压力、流量趋势分析

序　号	工　况	压力趋势	流量趋势	备　注
1	甩　泵	上游增大,下游减小	上、下游均减小	上、下游压力、流量变化较快
2	泵站失电	上游增大,下游减小	上、下游均减小	热站、减压站等站场失电,站内阀门等设备状态需保持,确保压力、流量保持不变
3	站场关闭	上游增大,下游减小	上、下游均减小	
4	线路阀室关闭	上游增大,下游减小	上、下游均减小	
5	清管器卡阻	上游增大,下游减小	上、下游均减小	多年未清管作业的管段
6	管线蜡堵	上游缓慢增大,下游缓慢减小	全线流量降低	变化较缓慢,多发生在高含蜡原油管道
7	高黏油品进入管道	随油品进入管道长度增大,全线热损增大	保持全线压力不变时,流量降低	杂质较多的罐底油,进入管段易发生该工况
8	泄　漏	上、下游均减小	上游增大,下游减小	
9	泄压阀误动作	上、下游均减小	上游增大,下游减小	泄压阀稳压瓶氮气泄漏,导致控制压力减小

由表 3-9 可知,虽然工况不同,但很多工况所产生的压力、流量趋势基本相同,运行时操作员需结合 SCADA 系统报警信息、工况变化位置、参数报警时间变化幅度、现场是否有作业等具体情况进行工况分析确认。同时,依据表 3-10 的稳态和瞬态工况导致的压力、流量变化特点,运行人员根据实际工况特点,采取相应的操作。

表 3-10 不同参数在稳态和瞬态的解决

序 号	参 数	稳 态		瞬 态	
		数值变化	变化时间	数值变化	变化时间
1	压 力	小	长	大	短
2	流 量	小	长	大	短
3	温 度	小	长	大	短
4	流体性质	小	长	小	短

表 3-11 为管道 SCADA 系统报警汇总表,缩写代表设备或者压力报警,其中 A 类最严重,B 类次之,最低为 D 类;根据各个管道的命名规则,数据点名中 10 为管道代码,DS017 为站代码,XV 为设备类型,0000 为设备编号或者回路号。图 3-11 为管道 SCADA 系统报警界面,调度人员通过报警界面的分析确认管道发生的工况。

表 3-11 SCADA 系统报警汇总表

确 认	缩 写	时 间	数据点名	数据点描述	报警描述	操作人
	A DEVICE	2017-01-31 08:00:00	10_DS017_XV_0000	阀门开到位	非命令: 阀门开到位报警	王某某
	B DEVICE	2017-01-31 08:01:00	10_DS017_XV_0000	阀门关到位	命令: 阀门开到位报警	刘某某

图 3-11 管道 SCADA 系统报警界面

趋势变化是分析工况(识别、解释并确定优先级)、处理问题、监视及评估步骤的必要部分。分析过程的主要依据是压力、流量及温度等参数的变化情况。

1)工况识别

如果一个参数的变化量在规定的允许变化幅度内,则这种工况是正常的;如果该变化超出允许变化幅度,则执行决策模型的下一步——分析引起变化的原因。如果该工况不足以执行工况处理程序,则进入决策模型的下一步——工况解释。

2)工况解释

对参数变化量的解释是基于允许变化幅度、运行状态和变化位置三者之间的关系进行的,这种关系可通过参数变化趋势图、报警信息以及事件记录进行分析确认。参数分析时须考虑参数是如何变化的,趋势是否明显,趋势是增大的还是减小的,参数变化的速度,变化量值的大小,以及变化量是否超出选定的允许变化幅度。

3)确定优先处理的工况

为了确定变化参数的处理顺序,必须首先明确变化的量值和时间范围以及对整条管线的影响。运用趋势图对变化进行分析,评定变化对整条管线的影响程度,并进入决策模型的决策阶段来决定必要的步骤以调整或处理这种工况。

4) 处理问题

一旦工况被分析确定之后,就可通过决策模型的前三个步骤确定问题的原因。通过选定允许变化幅度,理解操作类型,能够利用各种趋势图列出可能产生问题的所有原因,并再次利用相关参数趋势图确定最可能的原因,最后确认是否需要停输,或是否需要进入模型的决策阶段。

5) 监视及评估

通过对事件工况的分析,实现管道的操作控制。在操作控制过程中,应对所采取的措施进行监视及评估,即监视操作是否执行到位、工况导致的趋势是否有利于管道安全运行,评估是否达到预期目标,若未达到是否需要进一步操作等。

以下通过对事件工况的趋势分析,加深理解趋势分析对管道的控制。

3.3.1　离心泵停泵

根据表 3-9,且若甩泵或者泵站失电,且全线压力和流量变化趋势相同,则对管道的水击影响较大,可能导致上游出站及事故站场进站超压,下游高点等位置拉空发生液柱分离等工况。

3.3.1.1　水力学分析

1) 解析法分析

设全长 L 的密闭运行的输油管道上有 N 个泵站,管道沿线各站均可压力越站运行,中间站甩泵或停电后,通过调节全线压力流量可实现降量运行。设正常流量为 Q,因中间第 c 站停运,流量降为 Q_*,如图 3-12 所示。

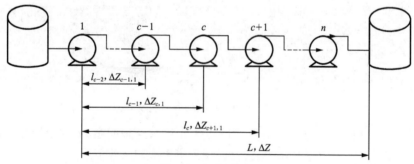

图 3-12　泵站停运

若忽略站内摩阻,则由此时全线的压降平衡式可求得:

$$Q_* = \left[\frac{H_{s1} + (N-1)A - \Delta Z}{(N-1)B + fL}\right]^{\frac{1}{2-m}} \tag{3-1}$$

在停运站前面,第 $c-1$ 站的进站压力变化可以由首站至第 $c-1$ 站进口处的压降平衡式求得。第 c 站停运以前有:

$$H_{s1} + (c-2)(A - BQ^{2-m}) = fl_{c-2}Q^{2-m} + \Delta Z_{c-1,1} + H_{sc-1} \tag{3-2}$$

第 c 站停运后有:

$$H_{s1} + (c-2)(A - BQ_*^{2-m}) = fl_{c-2}Q_*^{2-m} + \Delta Z_{c-1,1} + H_{sc-1}^* \tag{3-3}$$

式中　$l_{c-2}, \Delta Z_{c-1,1}$——管道起点至第 $c-1$ 站进口处管段长度及高差,m;

H_{sc-1}, H_{sc-1}^*——第 c 站停运前、后,第 $c-1$ 站的进站压头,m 液柱。

以上两式相减,可得第 c 站停运前、后,第 $c-1$ 站进站压力变化:

$$H_{sc-1}^* - H_{sc-1} = [(c-2)B + fl_{c-2}](Q^{2-m} - Q_*^{2-m}) \qquad (3-4)$$

由于 $Q > Q_*$,故 $H_{sc-1}^* > H_{sc-1}$,即第 c 站停运后,第 $c-1$ 站进站压力升高。第 $c-1$ 站出站压头可由下式求得:

$$H_{dc-1} = H_{sc-1}^* + H_{cc-1}^* \qquad (3-5)$$

由于第 c 站停运后管道输量减小,泵站扬程 H_{cc-1}^* 增大,且进站压头 H_{sc-1}^* 也升高,故第 $c-1$ 站出站压头 H_{dc-1}^* 增大。同理,可求得第 c 站前面的相应站场与第 $c-1$ 站压力变化趋势相同,即停泵站场上游各站进、出站压力均增大,管线流量降低,且距离事故站场越远的站,其进、出站压力变化的幅度越小。

第 c 站后面的第 $c+1$ 站的压力变化情况可由第 $c+1$ 站进口至末站油罐液面的压降平衡式求得。第 c 站停运以前有:

$$H_{sc+1}^* + (N-c)(A - BQ^{2-m}) = f(L-l_c)Q^{2-m} + \Delta Z_{k,c+1} \qquad (3-6)$$

第 c 站停运以后有:

$$H_{sc+1}^* + (N-c)(A - BQ_*^{2-m}) = f(L-l_c)Q_*^{2m} + \Delta Z_{k,c+1} \qquad (3-7)$$

式中 $\Delta Z_{k,c+1}$——第 $c+1$ 站进口与终点油罐液面高差,m;

l_c——管线起点至第 $c+1$ 站进口长度,m;

H_{sc+1}, H_{sc+1}^*——第 c 站停运前、后,第 $c+1$ 站进站压头,m 液柱。

以上两式相减,可得 c 站停运前、后,第 $c+1$ 站进站压力变化:

$$H_{sc+1}^* - H_{sc+1} = [B(N-c) + f(L-l_c)](Q_*^{2-m} - Q^{2-m}) \qquad (3-8)$$

由于 $Q > Q_*$,故 $H_{sc+1}^* - H_{sc+1} < 0$,即第 c 站停运后,第 $c+1$ 站进站压力下降,同样可获得下游各站进站压力趋势均下降。第 $c+1$ 站进站压降幅度最大,且距离 c 站越远的站,压力变化的幅度越小。

第 $c+1$ 站出站压头可由下式求得:

$$H_{dc+1}^* = H_{fc+1}^* + \Delta Z_{c+1} + H_{sc+2} \qquad (3-9)$$

由于第 c 站停运后流量减小,故第 $c+1$ 站至 $c+2$ 站的站间摩阻 H_{fc+1}^* 减小,且第 $c+2$ 站的进站压头 H_{sc+2}^* 减小,站间高差 ΔZ_{c+1} 不变,故使出站压头 H_{dc+1}^* 降低,且距离 c 站越远的站,出站压力下降的幅度越小。

根据以上分析获得的输量变化和各站进出站压力的变化趋势,画出沿线各站的水力坡降线的变化情况,如图 3-8 所示。图中实线、虚线分别表示第 c 站停运前、后的水力坡降线。

2)特征线法分析

利用 1.4.5 特征线法,离心泵停泵产生的水击如图 3-13 所示,可对泵的节点建立如下方程:

$$H_{P_{i,N}} = R_{i,N-1}^+ - S_{i,N-1}^+ Q_P \qquad (3-10)$$

$$H_{P_{i+1,0}} = R_{i+1,1}^- + S_{i+1,1}^- Q_P \qquad (3-11)$$

$$H_{P_{i+1,0}} - H_{P_{i,N}} = A - BQ_P^2 \qquad (3-12)$$

求解以上三个方程,可得:

$$BQ_P^2 + (S_{i,N-1}^+ + S_{i+1,1}^-)Q_P - (A + R_{i,N-1}^+ - R_{i+1,1}^-) = 0 \qquad (3-13)$$

$$Q_P = \frac{1}{B}\left[-\left(\frac{S_{i,N-1}^+ + S_{i+1,1}^-}{2}\right) + \sqrt{\left(\frac{S_{i,N-1}^+ + S_{i+1,1}^-}{2}\right)^2 + B(A + R_{i,N-1}^+ - R_{i+1,1}^-)}\right] \qquad (3-14)$$

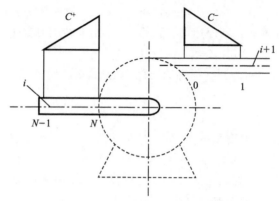

图 3-13　定速运行离心泵边界条件

因发生水击时 Q_P 有正、负的可能性,且 $\dfrac{S_{i,N-1}^{+}+S_{i+1,1}^{-}}{2}$ 总为正,又因其前面为负号,根号内只有取加号才可保证 Q_P 有正、负两种可能性。Q_P 为负意味着液流反向流动,实际泵排出端多设有止回阀,当 Q_P 为负时认为止回阀关闭。若泵的进口压头保持不变,为 H_s(从基准面计算),如泵连接恒液位罐,$R_{i,N-1}^{+}=H_s$,$S_{i,N-1}^{+}=0$,$i+1$ 为 1,则式(3-14)可调整为:

$$Q_P = \frac{1}{B}\left[-\left(\frac{S_{i+1,1}^{-}}{2}\right)+\sqrt{\left(\frac{S_{i+1,1}^{-}}{2}\right)^2+B(A+H_s-R_{i+1,1}^{-})}\right] \tag{3-15}$$

将 Q_P 代入式(3-10)和式(3-11)可获得 $H_{Pi,N}$ 和 $H_{Pi+1,0}$。

3)仿真分析

根据对站场停运的理论分析,可得站场甩泵、调节阀跳变(关)等工况对上下游造成的压力和流量的变化趋势相同。利用仿真系统模拟管道站场甩泵,得到的压力及流量变化趋势如图 3-14 所示。

由图 3-14 可知,管道站场甩泵给上游产生增压波,给下游产生减压波,全线流量下降,若不能及时补充损失的压力,可导致下游泵入口压力过低而甩泵,最终导致管线停输。

可见甩泵后泵站上游压力瞬时上升,随时间增加压力逐渐上升,但上升的速度不断变慢,同时离泵站越近,上升的速率越快。泵站下游压力下降,下降规律与上游类似,下降速率随时间增加变慢,随距离增大变慢。管道沿线流量变化如图 3-14 所示,关泵后,泵站流量瞬时从 470 m³/h 下降至 240 m³/h,且随时间增加,由于泵站还有主泵运行,流量有所回升。流量下降区域随时间的增加而逐渐变大。

3.3.1.2　工况处置

造成泵站停运的因素较少,多为外电电压波动、上游变电所跳闸等。若是因外电原因造成泵站停运,则在 SCADA 系统中会伴随大量的阀门故障报警信息,较容易查明此类原因。相比而言,导致甩泵的因素较多,主要包括触发泵轴承温度超高保护、机械密封泄漏保护、泵机组振动保护、电机轴承温度超高保护、泵壳温度超高保护和电机过载保护等。以上保护设两级,第一级为高报警,第二级为高高报警。当泵保护参数达到高报警值时,仅出现报警信息;当泵保护参数达到高高报警值时,则持续一定时间后触发相应的保护系统,按照保护程序设定执行停泵。

管道发生甩泵后,具体判断及处置过程主要从以下几个方面考虑:

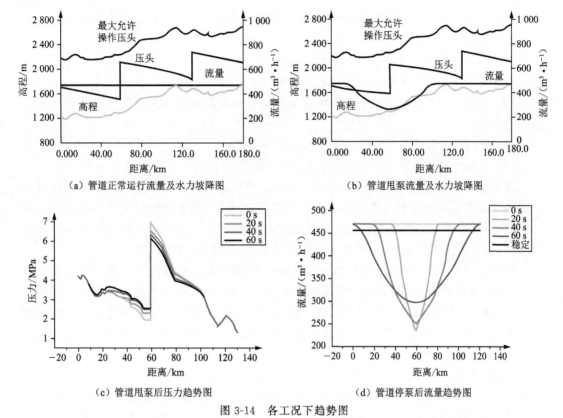

（a）管道正常运行流量及水力坡降图　　　　　（b）管道甩泵流量及水力坡降图

（c）管道甩泵后压力趋势图　　　　　　　（d）管道停泵后流量趋势图

图 3-14　各工况下趋势图

（1）若甩泵前发生出站输量增大、压力减小等工况特征，则需优先考虑管线发生泄漏，且不能启运备用泵，避免造成更大的泄漏风险，必要时紧急停输。

（2）若管道已投用水击保护程序并在甩泵后触发降量程序，则需判断全线参数变化趋势是否符合泄漏工况的特征，若存在则立即触发人工干预降量程序，执行全线紧急停输。

导致管道甩泵的原因还有触发水力连锁保护和泵自保护，其中水力连锁保护主要包括泵入口汇管压力过低、出站压力过高、泵出口汇管压力超高、站内触发 ESD 等。若判断出甩泵是非泄漏工况导致的，则根据甩泵站场的位置和泵设备的不同，采取不同的处置原则，处置的优先权是尽可能保持原来的运行状态或减小对运行的影响。与所有的管线运行操作相同，用泵机组的合理配置和控制来保持管线的稳定运行，确定是否需要启动备用泵或减小节流增加能源的方式来补偿因泵机组停运而造成的能量减少。如果压力限值允许，可能需要启动停运位置上游或本站的泵，否则需要降量或停输来减少由于流量不平衡而导致的停运位置上游的充装和下游流体的泄流。

处理泵机组意外停运的一般步骤如下：

（1）当泵机组停运时，确定其对管线平衡的影响；

（2）如果流量会受到影响，则使用设定值控制和泵机组选择来调配上下游流量；

（3）如果在同一站内有备用泵，则启动备用泵；

（4）如果在同一站内无备用泵，而上游站有备用泵，则在压力条件允许范围内，启动上游泵机组，同时控制下游站场，避免管线抽空；

（5）如果无备用泵机组或不允许启动，则应采取降量或停输操作。

甩泵后对管线的影响：由于泵机组停运，为管线提供能量以克服摩阻的泵机组不再提供所需的压头,在相应泵机组位置推动油品的能量突然降低,泵停运站的流量下降而使上游管段产生充装,下游管道产生泄流。

应从以下几个方面考虑减少对管线的影响:

(1) 压力限制条件是否允许增加足够的能量来克服摩阻损失;

(2) 启动备用泵机组或减小节流提供的能量是否满足下游摩阻需要和恢复管线平衡所需的时间;

(3) 备用泵机组是否可以补偿距离较远的事故点;

(4) 当需要在异地启用备用泵机组时,是否需要临时降量。

管道维持一定输量时,泵站、高点是关键点。泵机组停运对管道运行的影响程度取决于其与关键点的相对位置。若关键点发生甩泵等工况,不采取措施将无法维持原输量运行,需要降低整个管线的输量。甩泵对管道运行影响的大小与其和关键点的相对距离密切相关,其离关键点越远,可选的操作方式就越多,反应时间也就越宽裕。

控制点位置:控制点一般是在注入点或源头处,其决定了全线流量。除非有备用泵机组,否则控制点泵机组失效将导致全线流量降低。在控制点,操作员首先使用设定值控制或调整泵机组以降低进入下游段的流量,使其与泵机组失效站的流量相匹配。在失效站的下游选择停泵来降低流量,直到替换泵启动并确定已正常运行后,逐步调整上下游运行参数,使全线重新达到稳定状态。

备用泵选择:启用本站或上游站场备用泵机组来弥补压头损失。首选方案是在同一站启动备用泵机组,降低泵停运对管线平衡的影响。为了获得与甩泵前同样的出站压力,应选择同型号的泵机组。若选用扬程较小的泵,则不能提供相同的输送压力,将导致管线降量;若启用扬程较大的泵,为了维持甩泵前的输量,就要出站节流,但此法不利于节能降耗和优化运行。当甩泵站场不存在可用泵时,若水力条件允许,则可根据运行工况启运上游站场的备用泵,但启泵前必须结合操作条件充分考虑站场的最大操作压力限制,避免出现泵出口压力过高、入口压力过低、负载功率等异常。

管线降量:泵机组停运后,若不能及时启用备用泵,甩泵站场将成为管线运行的关键点,此时需降低全线流量使其与关键点的最大允许流量相匹配。在这种情况下,由最大出站压力和最小吸入压力决定的关键点将不复存在,此时需要分析各站如何选择适用且高效的泵机组。此外,操作人员应提高分输点背压,降低控制点出站压力,以降低全线流量,使全线流量与失效站的最大流量一致。

3.3.2　阀门关闭

3.3.2.1　水力学分析

管道运行时,若主流程阀门关闭,将导致管输流程不通,导致较大的水击,轻则管道连接处漏油,重则管道爆管。

1) 刚性理论分析

在稳定流动时,缓慢关闭管道主流程阀门,可造成阀门上游压力升高、下游压力减小。假设阀门上游压头为 H_1,下游压头为 H_2,利用刚性水柱理论单独计算如下。

(1) 阀门上游压力。

根据图 3-15,由刚性理论可知:

$$\frac{\mathrm{d}Q}{\mathrm{d}t}L_1 = g\omega(H_0 - H_1 - fQ^{2-m}L_{e1}) \tag{3-16}$$

式中 L_{e1}——阀门上游管道当量长度;

L_1——阀门上游管道实际长度。

式(3-16)可转换为:

$$H_1 = H_0 - fQ^{2-m}L_{e1} - \left(\frac{L_1}{g\omega}\right)\frac{\mathrm{d}Q}{\mathrm{d}t} \tag{3-17}$$

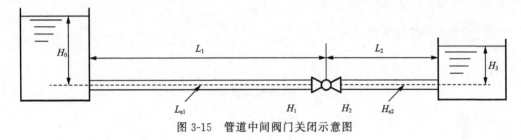

图 3-15 管道中间阀门关闭示意图

若阀门关闭,$\frac{\mathrm{d}Q}{\mathrm{d}t}$ 为负值,H_1 总是大于其稳态值;若阀门打开,$\frac{\mathrm{d}Q}{\mathrm{d}t}$ 为正值,H_1 总是小于其稳态值。当阀门全部关闭时,H_1 达到最大,为:

$$H_{1\max} = H_0 - \left(\frac{L_1}{g\omega}\right)\frac{\mathrm{d}Q}{\mathrm{d}t} \tag{3-18}$$

(2) 阀门下游侧压力。

由刚性理论可知:

$$\frac{\mathrm{d}Q}{\mathrm{d}t}L_2 = g\omega(H_2 - H_3 - fQ^{2-m}L_{e2}) \tag{3-19}$$

式中 L_{e2}——阀门下游管道当量长度;

L_2——阀门下游管道实际长度。

式(3-19)可为:

$$H_2 = H_3 + fQ^{2-m}L_{e2} + \left(\frac{L_2}{g\omega}\right)\frac{\mathrm{d}Q}{\mathrm{d}t} \tag{3-20}$$

若阀门关闭,$\frac{\mathrm{d}Q}{\mathrm{d}t}$ 为负值,H_2 总是小于其稳态值;若阀门打开,$\frac{\mathrm{d}Q}{\mathrm{d}t}$ 为正值,H_1 总是大于其稳态值。当阀门全部关闭时,H_1 达到最小,为:

$$H_{1\min} = H_3 + \left(\frac{L_2}{g\omega}\right)\frac{\mathrm{d}Q}{\mathrm{d}t} \tag{3-21}$$

通过以上分析可知,管道阀门关闭,可导致上游压力上升,下游压力下降,待阀门全关后,上游压力最大,下游压力最小。

(3) 流量变化率 $\frac{\mathrm{d}Q}{\mathrm{d}t}$。

流量变化率 $\frac{\mathrm{d}Q}{\mathrm{d}t}$ 是时间 t 的函数,即 $\frac{\mathrm{d}Q}{\mathrm{d}t} = \phi(t)$。由 $\mathrm{d}Q = \phi(t)\mathrm{d}t$ 可得:

$$Q = \int \phi(t)\,\mathrm{d}t = \psi(t) + C \tag{3-22}$$

式中,积分常数由初始条件或最终条件求得。

① $\dfrac{\mathrm{d}Q}{\mathrm{d}t}$ 均匀变化。

设

$$\frac{\mathrm{d}Q}{\mathrm{d}t} = q \tag{3-23}$$

式中,q 为常数。当 $q>0$ 时,表示阀门开启;当 $q<0$ 时,表示阀门关闭。由初始条件 $t=0$,$Q=Q_0$,可得 $C=Q_0$,$Q=Q_0+qt$。

② $\dfrac{\mathrm{d}Q}{\mathrm{d}t}$ 按二次曲线变化。

设

$$\frac{\mathrm{d}Q}{\mathrm{d}t} = a_0 + a_1 t + a_2 t^2 \tag{3-24}$$

由初始条件 $t=0$,$Q=Q_0$,可得 $C=Q_0$,所以有:

$$Q = Q_0 + a_0 t + \frac{1}{2} a_1 t^2 + \frac{1}{3} a_2 t^3 \tag{3-25}$$

同理,若流量变化率按照正弦规律变化,则流量 Q 与时间 t 的函数如下式所示:

$$Q = Q_0 - a_0 \theta (1 - \cos \theta t) \tag{3-26}$$

2)特征线法分析

利用刚性理论对阀门关断进行分析,前提是其本身特性不随时间改变。根据 1.4.5 特征线理论分析,阀门为扰动边界,特性随着时间变化而变化。如图 3-16 所示,阀门动作边界条件方程如下:

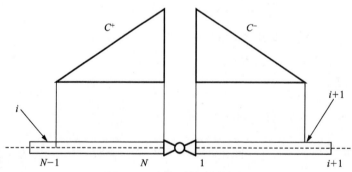

图 3-16　阀门关闭边界条件

$$H_{P_{i,N}} = R_{i,N-1}^+ - S_{i,N-1}^+ Q_P \tag{3-26}$$

$$H_{P_{i+1,0}} = R_{i+1,1}^- + S_{i+1,1}^- Q_P \tag{3-27}$$

$$H_{P_{i,N}} - H_{P_{i+1,0}} = K Q_P^2 \tag{3-28}$$

求解得:

$$Q_P = \frac{1}{K}\left[-\left(\frac{S_{i,N-1}^+ + S_{i+1,1}^-}{2} \right) + \sqrt{\left(\frac{S_{i,N-1}^+ + S_{i+1,1}^-}{2} \right)^2 + K(R_{i,N-1}^+ - R_{i+1,1}^-)} \right] \tag{3-29}$$

若阀位于管道终端,下游有一个恒定的压头 H_c,式中 $H_{P_{i+1,0}} = R_{i+1,1}^- = H_c$,$S_{i+1,1}^- = 0$,

则上式特殊解为：

$$Q_P = \frac{1}{K}\left[-\left(\frac{S_{i,N-1}^+}{2}\right) + \sqrt{\left(\frac{S_{i,N-1}^+}{2}\right)^2 + K(R_{i,N-1}^+ - H_c)}\right] \tag{3-30}$$

阀门全关后，$Q_P = 0$。

3）仿真分析

根据仿真趋势图 3-17 可知，阀门关闭的下游管道，产生负压波并向下游传播，由于没有足够的能量克服高程或沿线摩阻，所以管内流体流速降低并最终停止流动。若下游存在高点，上游压力不足以翻越高点，则管内流体压力可能会降至蒸气压之下，从而出现液柱分离，下游继续流动，如果未进行有效干预，那么管线存在拉空抽瘪的风险。

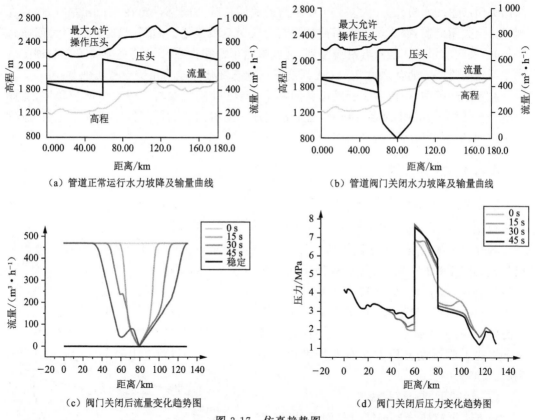

（a）管道正常运行水力坡降及输量曲线　　　（b）管道阀门关闭水力坡降及输量曲线

（c）阀门关闭后流量变化趋势图　　　（d）阀门关闭后压力变化趋势图

图 3-17　仿真趋势图

阀门关闭后，阀室上游压力不断上升，且随时间的增加不断向上游传播。阀室下游压力总体不断下降，但伴随水击现象，并有不断的压力波动。阀门关闭位置流量瞬时下降至0，并随时间的增加，流量波及范围不断扩大。

由以上趋势分析可知，阀门关闭导致管道主流程阀门关断，流程不通。除沿线截断阀外，站内阀门位置可处于进站区、加热炉区、过滤器区、泵区、出站调压区及出站区。阀门关断后，会造成严重的水击事故，危害各水力设备，若不及时采取相应措施，将导致全线停输。

由以上阀门关闭理论及仿真分析可知，运行管道上阀门关闭将导致阀门上游流量立即降低，随着压力波向上游传播，压力迅速升高。在长距离管道上，管内压力上升到最大值以前，上游流体仍然流动，流体动能转换为压力势能，导致上游流量逐渐降低，过泵流量降低,泵扬程增加,在泵特性曲线上表现为工作点左移,最终管内压力超过管道静压或超过泵的排出压力。当压力达到最大值时,管道内流体停止流动。当管内压力超过静压时,一个反向流动开始,这使得管内压力降低到静压。

3.3.2.2 工况处置

根据阀门关闭位置的不同,处理措施也不同。有旁路的阀门关闭,若旁路远控条件允许,操作员可选择开旁路阀门,重新建立流量。若事故站场可压力越站,操作员应选择远控开越站阀,此时站内泵停运,管线降量运行。对于有旁通流程的阀门关闭,操作员应根据具体情况选择降量、停输或者开旁通流程。

站内主流程阀门和干线 RTU 阀门关闭均会触发水击保护程序。为了减少干线 RTU 阀门关闭产生的水击压力,大多数干线闸阀的关闭行程时间都设定在 3 min 左右,这样在阀门完全关闭之前,操作员可重新控制此阀门或对全线停输。然而,只有当阀门关闭超过 90% 时,关阀的影响才能很容易观察到,这就限制了操作员在管线被完全关闭之前试图解决此问题的时间。通常通过 SCADA 系统阀门状态变化和压力报警设置实现监控。

在实际运行中,站内主流程阀门关闭和干线 RTU 阀门参与管线水击保护程序,当阀门离开全开位时 SCADA 系统报警,当报警超过一定时间或阀门开度小于设定值后,触发水击保护,实现管道的水击超前保护。

3.3.3 液柱分离

3.3.3.1 水力学分析

1) 液柱分离边界条件

若管道中某点压力低于液体的蒸气压,则油品中组分较低的部分将汽化,在管道内形成气泡,并集聚在一起,尤其在高程变化比较明显的管段,如垂直、坡度较大或者有高点的管段,流体出现明显分离,管道上下游压力不能有效传递,称为管道液柱分离。目前针对液柱分离的主要研究分析方法有斯特里特和怀利法、布朗法等。

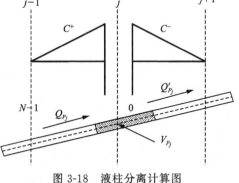

图 3-18 液柱分离计算图

(1)斯特里特和怀利法。

该方法把液柱分离按纯蒸气情况处理,如图 3-18 所示。

当节点 j 的绝对压力低于液体的饱和蒸气压时,可用下式判断液柱是否分离:

$$H_{Pj} + H_{大气} - Z_j < H_{蒸气} \tag{3-31}$$

式中 H_{Pj}——节点 j 的压头,m;

$H_{大气}$——当地大气压力的液柱高度,m;

Z_j——节点 j 距基准面的高度,m;

$H_{蒸气}$——液体饱和蒸气压,m。

取节点 j 的压头为:

$$H_{Pj} = Z_j + H_{蒸气} - H_{大气} \tag{3-32}$$

通过计算节点处的上下游流量：

$$Q_{P_j} = \frac{R_A - H_{P_j}}{S_A} = \frac{R_{j-1}^+ - H_{P_j}}{S_{j-1}^+} \tag{3-33}$$

$$Q'_{P_j} = \frac{H_{P_j} - R_B}{S_B} = \frac{H_{P_j} - R_{j-1}^-}{S_{j+1}^-} \tag{3-34}$$

可得产生液柱分离空穴体积 V_{P_j} 为：

$$V_{P_j} = V_j + \frac{1}{2}(Q_{P_j} + Q_j - Q'_{P_j} - Q'_j)\Delta t \tag{3-35}$$

式中，V_j 的初始值为 0，以后取前一步的数据。若 $V_{P_j} > 0$，则说明液柱分离；若 $V_{P_j} \leqslant 0$，则说明空腔消失，此节点恢复为一般的内节点。空腔消失之时可能产生明显的水击。

（2）布朗法。

该方法是把进入管道的气体看作平均集中在各个节点，在节点处形成宏观的气穴，其体积 V 为：

$$V = \alpha \omega \Delta x \tag{3-36}$$

式中　α——气体与液体混合的体积比。

当在节点 j 处发生液柱分离时，气穴的绝对压力为气体分压和液体饱和蒸气压之和，按照理想气体可逆的多变关系有：

$$G = (H_{P_j} - h)V_{P_j}^n \tag{3-37}$$

式中　h——气穴内表压力对基准面的压头；

$\quad\quad V_{P_j}$——节点 j 处的瞬变气穴体积；

$\quad\quad n$——多变指数；

$\quad\quad G$——气体常数。

多变指数取决于气穴的热力学过程，等温过程 $n = 1$，等熵过程 $n = 1.4$。变化缓慢时接近等温过程，变化剧烈时接近等熵过程，计算时可取平均值 1.2。气体常数可由气穴在稳态时获得。气穴的连续性方程为：

$$V_{P_j} = V_j + \frac{1}{2}\Delta t(Q_{P_j} + Q_j - Q'_{P_j} - Q'_j) \tag{3-38}$$

式中，V_j 初始值通过式（3-36）计算，以后取前一时步数据。

2）液柱分离工况分析

只有在管道内压力低于液体的蒸气压时才会出现液柱分离。液柱分离出现在水力坡降线最接近线路纵断面线的位置，或者线路高点及靠近泵吸入侧。管道运行时，由于沿程摩阻引起压力损失，很难确定最低压力的位置。高程固然重要，但考虑到流量和液体黏度等因素，管道下游的一座小山可能比上游的一座大山更容易出现液柱分离。

若管道发生液柱分离并达到稳态运行，则发生液柱分离位置（高点）的管道两侧互不影响。如果上游泵站到高点的摩阻损失持续增加，紧靠更高点上游压力降得很低，将没有足够的能量翻越线路最高点，下坡段油品在重力作用下继续流动，直到下坡段被大量抽空时流量才开始下降，这就造成不均衡流动，如图 3-19 所示。分离点上游将保持稳定流动，上游泵站只需提供克服站到液柱分离点的摩阻压力。

如果发生停泵或电力故障，管道中没有足够的能量来维持流动，则在上坡段也会发生液柱分离（图 3-20）。在该泵的下游液体会停止流动，从而发生倒流，管道压力下降，致使液柱分离。

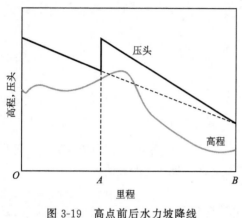
图 3-19   高点前后水力坡降线

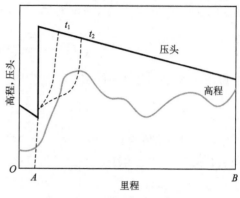
图 3-20   泵停运导致液柱分离

管道运行可导致液柱分离的主要影响因素如下。

（1）流量与压力。

流量决定水力坡降线的坡度，如果流量为 0，则水力坡降线是水平直线（坡度为 0），且随着流量增加，坡度增大。当上游泵站压力没有随流量增加对应增加时，则在两个泵站之间任何高点都可能发生液柱分离。当流量和压力降低时，如果有较重液体到达仅靠高程变化的上游泵站，并且在下游控制点没有采取降低流量的措施，那么在该上下游之间的任何高点都容易出现液柱分离现象。

管线在流量较低时最容易发生液柱分离（图 3-21）。流量较低管线的压头损失小，意味着水力坡降线比较平坦。水力坡降线越平坦就越接近管道纵断面图，这样维持液柱流动的空间就减小了。如果管线运行时接近流体的蒸气压，海拔较高的地方就会形成气泡，随着流体向海拔较低的地方流动，压头增加致使气泡破裂。高流量下管线的水力坡降线较陡，因此发生液柱分离的可能性很小。

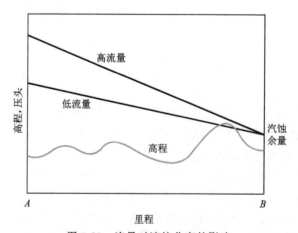
图 3-21   流量对液柱分离的影响

液柱分离破坏了上下游流动的水力联系。正如前面所述，压力波不能通过液柱分离的区域，这样液柱分离就削弱了压力波的影响；同时液柱分离使泄漏检测变得更加困难，因为此时管线已经不在连续的水力状态下运行。维持管线在大流量以及进站压力高于输油离心泵的汽蚀余量（NPSH）下运行，可以降低管线发生液柱分离的可能性。

（2）顺序输送。

如果较重油品进入充满较轻油品的管段，则摩阻损失将增加，造成下游压力降低。如果管段高点压力低于液体的蒸气压，则将发生液柱分离。批次顺序对流动的连续性有一定的影响，因为管道中不同的流体有着不同的组成和性质。在易发生液柱分离的地方（高点），较重油位于轻油的上游，由于重油的水力坡降线较陡，所以重油随轻油而行的情况易于发生液柱分离。如图 3-22（a）所示，相对密度较小的液体摩阻损失比较小，水力坡降线比较平缓。当重油流进管道时，摩阻增加，水力坡降线变得陡峭。随着第 2 个批次的油品靠近泵站 B 前方的小山，压头继续降低。当该点重油的水力坡降线和管线的纵断面图相交时，就会发生液柱分离（图 3-22b）。

当管道压力低于蒸气压时，蒸气压比较高的流体开始汽化。当管线中存在蒸气时，蒸气下游流体在重力的作用下继续向下游泵站流动。然而随着时间推移，管线流量将下降，泵站 B 的进站压力会低于允许汽蚀余量（NPSH），如图 3-22（c）所示。

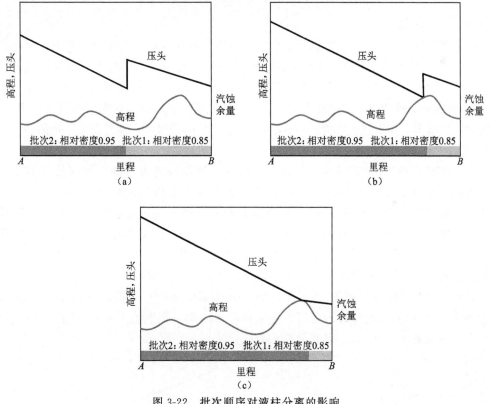

图 3-22　批次顺序对液柱分离的影响

另一个易于发生液柱分离的位置是高点后的大斜坡。由于大斜坡比水力坡降线陡，所以静压头足够保持管内流体高速流动（图 3-23a）。当第 2 个批次到达管线高点时，管线压力下降至低于流体的蒸气压，发生液柱分离。

由图 3-23（b）可知，重质油紧随轻质油输送的批次顺序运移，随着重质流体经过泵站，管道的压头损失增加，压力下降直到 t_2 时刻水力坡降线和管道的纵断面线相交为止。随着轻质流体在重力作用下继续流动，发生液柱分离。在重力的作用下，下游流体流向泵站使管线中的气泡增加，在后续的 t_3、t_4、t_5 时刻第 1 个批次的流体继续流向泵站 B。由于重油的压头损失较大且没有和轻油接触,因此部分管段充满蒸气。随着时间的推移,泵站 *B* 的进站压力降低。批次 2 赶上批次 1,最终重新恢复正常运行。

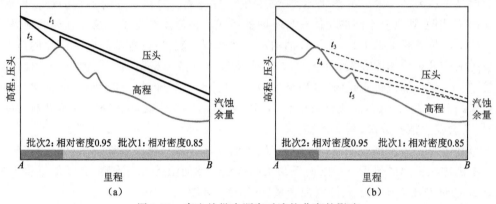

图 3-23　高山处批次顺序对液柱分离的影响

（3）高程变化。

由以上分析可知,管道正常运行期间,液柱分离主要与高程变化有关。若下游泵站海拔较低,并且和上游泵站之间有一座高山,这种情况下就很容易发生液柱分离;紧靠下游泵站前的小山也可能引起液柱分离,原因是水力坡降线在下游泵吸入侧是最低的。如果泵站位置较高,水力坡降极有可能翻越站间高点而不发生液柱分离。液柱分离在平坦管段不易出现,除非管道发生破裂。如果在这种管段出现液柱分离的征兆,则极有可能是发生了泄漏。

（4）泄漏与液柱分离区分。

因下游压力和流量均下降,运行过程中液柱分离很像管道泄漏。操作员必须认识到泄漏可能是造成液柱分离的原因,若通过增加上游压力来消除液柱分离,将增加泄漏量。在易发生液柱分离的区域,需能够区分泄漏和液柱分离工况特征。泄漏引起上下游泵站的压力下降,导致泄漏处下游流量减少,管内压力也下降。泄漏增加了管线在泄漏处的有效直径,使上游管段在较低压力下以较高输量运行,如图 3-24（a）所示。液柱分离对上游流量无影响,但由于上下游流体不接触致使下游流体压力下降。

无论是液柱分离还是泄漏,下游泵站 *B* 的压力都下降(图 3-24b)。如果压力损失发生在上游泵站,运行人员应知道压力损失是泄漏产生的而不是发生了液柱分离(液柱分离不涉及上游泵站的压力变化,但引起下游压力变化)。

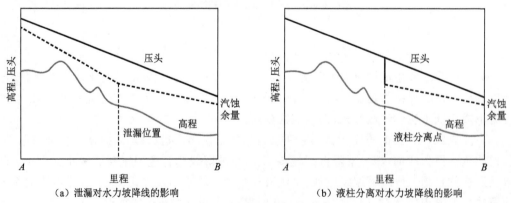

（a）泄漏对水力坡降线的影响　　　　（b）液柱分离对水力坡降线的影响

图 3-24　泄漏与液柱分离区分

3.3.3.2 工况处置

为了避免管道出现液柱分离,运行时需增加上游输量、降低下游输量或同时控制两者。在进行操作时,操作员必须按照操作规程设定恢复时间。如果操作员调整不均衡流动,使上游流量比下游多 $100\ \mathrm{m^3/h}$ 需要 $1\ \mathrm{h}$ 的时间,那么时间再长管道就有可能发生其他问题,如泄漏导致的液柱分离,通过流量补充很难短时间建立新的流量平衡。选择恢复方式的最终目的是实现管道满管运行,因此无论采取什么方式,都会出现液柱分离点上游流量大于下游流量的短时间不均衡流动。

3.3.4 泄 漏

若管道的泄漏量较小,类似渗漏或滴漏,泄漏点上下游压力变化很小,则其余管段基本上仍能维持原稳定的流量,泄漏处上下游能建立起各自的平衡,操作员很难通过SCADA系统压力、流量趋势进行泄漏工况识别,更多的是依靠管道巡线来判定。若由打孔盗油或其他人为破坏等导致管道泄漏较大,则沿线压力和流量等参数趋势可在 SCADA 系统直观地反映,操作员可根据泄漏工况特点进行分析判断,进而采取管线紧急停输等应急措施。

3.3.4.1 水力学分析

1) 解析法分析

设某条长输管道有 n 座泵站,管道在第 $c+1$ 站进站处发生泄漏,泄漏量为 q;漏油前全线流量为 Q;漏油后泄漏点前流量为 Q_*,泄漏点后流量为 Q_*-q,如图 3-25 所示。

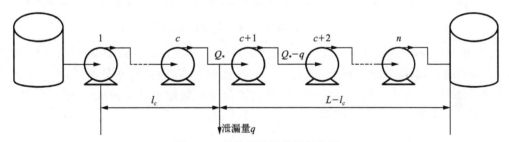

图 3-25 长输原油管线泄漏分析

泄漏后全线流量不相等,将泄漏点前、后分为两段,各段压降平衡式如下:

从首站至泄漏点管段

$$H_{s1} + c(A - BQ_*^{2-m}) = fl_cQ_*^{2-m} + \Delta Z_{c+1,1} + H_{sc+1}^* \tag{3-39}$$

从泄漏点至末站油罐液面管段

$$H_{sc+1}^* + (N-c)[A - B(Q_* - q)^{2-m}] = f(L - l_c)(Q_* - q)^{2-m} + \Delta Z_{n,c+1} \tag{3-40}$$

以上两式相加,可得:

$$H_{s1} + NA - \Delta Z = (cB + fl_c)Q_*^{2-m} + [(N-c)B + f(L - l_c)](Q_* - q)^{2-m} \tag{3-41}$$

正常工况下,全线压降平衡为:

$$H_{s1} + N(A - BQ^{2-m}) = fLQ^{2-m} + \Delta Z$$

$$H_{s1} + NA - \Delta Z = (NB + fL)Q^{2-m} \tag{3-42}$$

比较式(3-41)、式(3-42)可知,$Q_* > Q > Q_* - q$,即干线漏油后泄漏点前面输量增大,泄漏点后面流量减小。为了求解泄漏点前的第 c 站进站压力的变化,列出首站至第 c 站进站处在泄漏点前、后的压降平衡式:

$$H_{s1} + (c-1)(A - BQ^{2-m}) = fl_{c-1}Q^{2-m} + \Delta Z_{c,1} + H_{sc}$$

$$H_{s1} + (c-1)(A - BQ_*^{2-m}) = fl_{c-1}Q_*^{2-m} + \Delta Z_{c,1} + H_{sc}^*$$

两式相减,可得:

$$H_{sc}^* - H_{sc} = [(c-1)B + fl_{c-1}](Q^{2-m} - Q_*^{2-m}) \tag{3-43}$$

由于 $Q_* > Q$,所以 $H_{sc}^* - H_{sc} < 0$。

发生泄漏后第 c 站进站压力下降。由于流量 Q_* 增大,泵站扬程减小至 H_{cc}^*,进站压力又下降,故第 c 站出站压力下降,即管道泄漏后,漏点前的第 c 站的进、出站压力都下降。同理可推出漏点前面的各站压力变化趋势与第 c 站相同,且距离漏点越远的站,压力下降幅度越小。漏油后全线工况变化(即水力坡降线变化)情况如图 3-26 所示(注意漏点前后的水力坡降不同)。

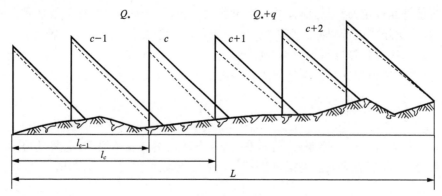

图 3-26　漏油前、后水力坡降的变化

由图 3-27 可知,泄漏发生后,上游流量瞬间从 470 m³/h 增加到 495 m³/h,并基本保持稳定;同时,与泄漏点距离越近,流量上升的幅度越大;随泄漏时间的增长,流量上升的波及范围越大,但范围增加的速度变慢。下游流量变化规律与上游相反,下游流量从 470 m³/h 瞬时下降到 442 m³/h,且变化幅度远大于上游点。

2)特征线法分析

管道发生泄漏时,在泄漏点的水力特点是:在公共的节点压头为 H,进出漏点流量的代数和为零。由图 3-28 可知特征线方程如下:

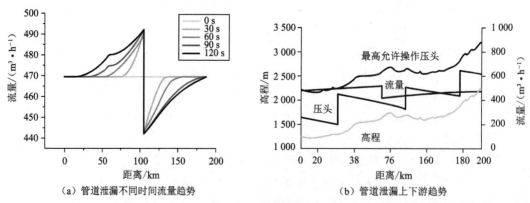

（a）管道泄漏不同时间流量趋势　　　　（b）管道泄漏上下游趋势

图 3-27　泄漏趋势图

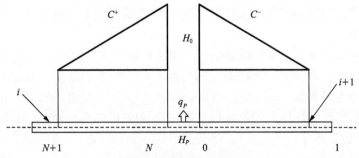

图 3-28　泄漏点边界条件

$$H_P = R_{i,N-1}^+ - S_{i,N-1}^+ Q_{P_{i,N}} \qquad (3\text{-}44)$$

$$H_P = R_{i,1}^- - S_{i+1,N-1}^- Q_{P_{i+1,0}} \qquad (3\text{-}45)$$

上式可改写为：

$$Q_{P_{i,N}} = \frac{R_{i,N-1}^+ - H_P}{S_{i,N-1}^+} \qquad (3\text{-}46)$$

$$Q_{P_{i+1,0}} = \frac{R_{i+1,1}^- - H_P}{S_{i+1,1}^-} \qquad (3\text{-}47)$$

假设泄漏具有孔口流的特性，则有：

$$-q = -C_0 \sqrt{2g(H_P - H_0)} \qquad (3\text{-}48)$$

$$C_0 = \alpha \omega C_d \approx (0.6 \sim 0.65)\omega$$

式中　H_0——泄漏点外部压头；

　　　C_0——漏孔的流量系数。

　　　α——流束收缩系数，为 $0.62 \sim 0.66$；

　　　C_d——孔口流速系数，为 $0.98 \sim 0.99$；

　　　ω——漏孔截面积。

根据连续性定理，漏点流量的代数和等于 0，则有：

$$\frac{R_{i,N-1}^+}{S_{i,N-1}^+} + \frac{R_{i+1,1}^-}{S_{i+1,1}^-} - \left(\frac{1}{S_{i,N-1}^+} + \frac{1}{S_{i+1,1}^-} \right) H_P - C_0 \sqrt{2g(H_P - H_0)} = 0 \qquad (3\text{-}49)$$

由上式可得：

$$H_P = \frac{1}{A^2} \left[(AB + gC_0^2) - \sqrt{(AB + gC_0^2)^2 - A^2(B^2 + 2gC_0^2 H_0)} \right] \qquad (3\text{-}50)$$

式中，$A = \dfrac{1}{S_{i,N-1}^+} + \dfrac{1}{S_{i+1,1}^-}$，$B = \dfrac{R_{i,N-1}^+}{S_{i,N-1}^+} + \dfrac{R_{i+1,1}^-}{S_{i+1,1}^-}$。

通过上式计算获得 H_P 后，代入式(3-44)、式(3-45)，即可获得相关流量。

3）泄漏工况判断

泄漏工况特点如下：

（1）上游压力突然降低，输量增大；

（2）下游压力突然降低，输量降低；

（3）上游控制阀门节流或变频器控制百分比突然变化；

（4）下游控制阀门节流或变频器控制百分比突然变化；

（5）分输点背压突然降低，但降低幅度可能不大；

（6）上游输油泵电流增大。

若运行中管道沿线未进行相关操作,仅出现以上前两个工况特点,则可结合其余条件判断是否为泄漏工况。

管道泄漏导致了管道系统的能量供应与消耗的不平衡。如图 3-29 所示,管道系统中能量平衡的任何破坏都会使当前状态开始向另一个新的稳态过渡。随着能量平衡,已经趋于稳定并且由泄漏导致的瞬态已经消失,管道中形成了一个新的稳态。如图 3-29(a)所示,假设从泵站 A 到泵站 D 的管线中只有单一的、均匀的油品流动,水力坡降线的斜率相同,表明各站间流量相等。

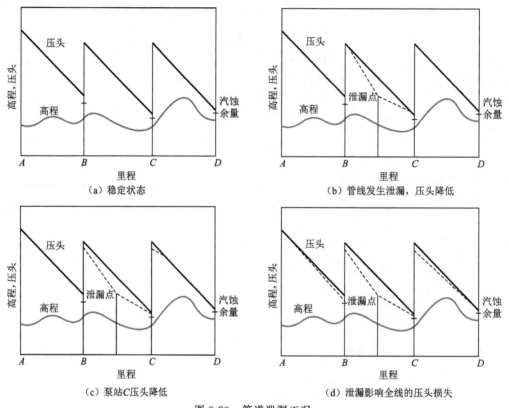

图 3-29　管道泄漏工况

在稳态运行期间,水力坡降线保持平稳。如图 3-29(b)所示,油品的泄漏导致管线压力下降,随着油品从漏点流出,压能转变成流体的动能。管线压力下降导致管壁收缩和油品膨胀,压力的下降产生压力波沿管线以声速向上下游传播,漏点前的流速增加,漏点后的流速降低。随着油流从泄漏点处漏出,该点处压头降低。泵站 B 和 C 之间的水力坡降线逐渐建立了一个新的平衡(图 3-29c)。漏点前水力坡降线的斜率变大表明流量增加,漏点后的水力坡降线的斜率变小说明流量减少。压力波向下传播经过泵站 C,减压波导致泵站 C 的吸入压头降低,由于泵站 C 的扬程保持恒定,所以出站压头和吸入压头一样也降低相同的量。随着流量发生变化,水力坡降线的斜率也发生变化,泵站 B 的吸入压头和出站压头均有降低,且上游流量增加(图 3-29d)。泄漏影响了整个管道系统,最终达到一个新的稳态。漏点上游的水力坡降线比以前变得更陡,表明由于流量增加而导致压头损失增加。下游的水力坡降线变得更加平缓,是由于流量降低而导致压头损失减小。所有泵站的进出站压力都下降。随着压力波从漏点处沿管道进一步传播,这些压力将持续下降。

如果漏点上下游的泵站进行进出站压力控制,那么压力波将不会向其他的泵站传播。调压阀将节流使压力维持在设定点。新的稳态导致漏点下游流量发生变化,且该变化由调压阀消耗掉。调压阀可减弱由于泄漏所产生的影响,并把该影响限制在距离泄漏点最近的站间。

4)影响泄漏的因素

泄漏量大小和许多因素有关,并且每一处泄漏的表现特征都不一样,其主要影响因素包括漏点压力、泄漏量及管道尺寸等。泄漏量和管道尺寸相关,同时也影响漏点压力。由于小管径管道的运行压力较高,小泄漏量在小管道上造成的压降比在大管道上的压降大,因此,大管径管道上的泄漏检测难度更大一些。泄漏对管道压力的影响取决于漏点大小。泄漏开始时所有漏点的能量突然释放,其释放能量的多少与漏点大小有关,恢复过程同样与流量、高程及地形特征有关。

5)泄漏对管线的影响

(1)泄漏对水力坡降的影响。

流体从管道泄漏,造成流量变化,引起管道压力下降。漏点处的压力下降导致管道总能量平衡发生变化,能量从漏点释放,管道系统趋向新的平衡。新平衡从减压波在漏点处向下游传播。随着压力波的传播,漏点上游流量增加,下游流量降低。漏点处的压力损失使漏点和上游泵站之间的水力坡降增大,流量增加,管道上游压差增大,流量增加,直到该管段线路摩阻与泵站排出压力和漏点压力的差值相等;下游水力坡降减小,流量降低。

(2)泄漏对泵特性的影响。

泄漏将影响特定泵的特性,包括扬程-流量曲线、效率、功率、最小允许吸入压头等。漏点下游管道流量降低,管线摩阻损失减小,使得下游进泵流量减少,扬程-流量曲线上泵的工作点左移,在低流量下产生较高压头。然而,较高的压头会导致下游流量增加,此时泵努力恢复初始的工作点扬程和流量,导致入口压力下降,上游来油压力的减小通过泵站传递至下游站场。

泄漏导致漏点上游的泵会增加排量,扬程-流量曲线上的泵工作点右移,流量增加,扬程降低。随着流量的增加,泵入口压力降低,并使泵上游的水力坡降线斜率加大。泵排量的改变也会带来效率、功率和最小汽蚀余量的变化。下游泵的功率和最小汽蚀余量减小,上游泵的功率和最小汽蚀余量增加。效率的变化要根据曲线图来判断。

随着压力波传到泵站,如果泵站采用的是入口压力控制,控制阀会通过节流来保持入口压力以使管线恢复到稳态运行;流量的增加导致入口压力的下降,此时控制系统将发挥作用,管道在控制系统的控制下做出反应,降低泄漏带来的影响。

3.3.4.2 工况处置

原油管道泄漏的在线检测方法可分为直接检漏法、间接检漏法和管内检测器检漏法三类。直接检漏法是对泄漏物直接进行检测。间接检漏法是借助计算机系统,通过检测因泄漏造成的流量、压力等物理参数的变化来检测泄漏量及泄漏点。管内检测器检测是通过分析管内检测数据获得泄漏点的数据。管道日常调控运行时,多采用几种检测方式相结合,通过使用内检测方式排查管线内腐蚀等造成的微小泄漏,将直接检测和间接检测应用于管道实时运行。操作员多根据第3章3.3.4小节所表述的泄漏趋势,借助SCADA系统及泄漏检测系统(参见第6章泄漏检测技术)进行判断分析。

原油管道发生泄漏主要有以下原因。

① 管道内、外腐蚀。

② 管材自身缺陷:砂眼、裂缝、内应力未完全释放等。

③ 原施工质量差:焊缝不严、拐弯处曲率半径过小、设备密封不严等。

④ 运行操作不当:运行压力过大、倒错流程憋压、发生水击等。

⑤ 外力作用:重物碾压破裂、自然灾害、打孔盗油等。

⑥ 其他作用:死油段受热膨胀、积水管线结冰膨胀等。

原油管道发生泄漏后,应首先采取全线紧急停输操作,根据泄漏点的位置决定停泵顺序:先停泄漏点上游最近泵站的所有运行泵,紧接着控制泄漏点下游泵站降低泄漏点处压力,最大限度地降低泄漏量。若管道泄漏点位于河流穿越区、居民区或者水源地等位置,为避免因泄漏造成重大环境污染,应尽快隔断、降压。

管道停输前,若事故点和下游泵站均处于上坡段或事故点处于下坡段,则应尽量抽低下游泵入口压力再停泵,并关闭泄漏点下游阀室;若事故点处于上坡段,下游泵站处于下坡段,则下游泵站应尽量抽低到高点压力为 0 时再停泵,并关闭泄漏点下游阀室。利用旁接流程使事故点原油自流到地势较低上下站油罐内后,关闭泄漏点上下游阀室。

3.3.5　充装和泄流

1) 充装

管线充装(line pack)是指一定长度的管线上流进液体的质量大于流出液体的质量,从而导致管线内液体的质量增加、压力增加、液体被压缩、管道膨胀的现象。当流量不平衡且上游的流量比下游的流量高时,管线就处于充装状态。一条管线处于充装状态时,下游向上游回传的压力波使上游各站的压力增加,导致管道上游压力缓慢增加,流量降低。发生充装的管道不易产生液柱分离,反之没有发生充装的管道很容易产生液柱分离。给定管段的压力增加会产生两种影响:

① 管内液体被压缩,液体的密度增加;

② 管道直径变大,容积增加。

例如,在内径 1 219 mm 管线内,压力增加 4.137 MPa 导致 1 km 管道多装 5.1 m 的油。由于泵出口位置压力较高,高压引起油品压缩,管道膨胀,单位管容增大,压缩和膨胀又使流速有所降低。随着管道下游压力逐渐降低,油品膨胀管径收缩,下游的流速变大。当液体沿管线流动时,管线压力持续下降,导致液体膨胀。当压力持续下降到低于蒸气压时,就会发生液柱分离(形成气泡并充满管道)。如果管线发生泄漏,则可降低管线充装,这是由于泄漏会引起压力降低,使流体从泄漏点流出,降低管线压力,增加压头损失。由泄漏产生的压力变化使得管壁也发生变化,压力下降导致液体膨胀和管壁收缩。

2) 泄流

当流量不平衡且下游的流量比上游的流量高时,管线就处于泄流状态。泄流时末站向上游回传的压力波(减压波)使上游各站的压力减小,即随着下游流量的增加,上游站的压力减小。

对未在最大输量下运行的管道,管道的充装和泄流与给定时间内注入和分输的体积有关。若体积的变化量较小,则判断其充装和泄流工况较难。

3.3.6　油品物性改变

当不同密度或黏度的油品通过泵站时,由于油品物性改变,导致泵出口压力变化,同时不同油品物性不同,对沿线摩阻的影响较大,且随着油品在管内运移,沿线压力发生缓慢变化。若管线处于极限条件(上游出站压力最大,下游进站压力最小)下运行,则需掌握物性变化导致的泵站压力和沿线摩阻变化趋势,确保管道运行安全。

1)密度大的油品过泵

根据泵压力计算公式,密度大的油品过泵将导致泵出口压力升高。这种泵出口压力的升高对管道水力系统的影响会因调节阀控制方式的不同而不同。若管道出站采用调节阀 PID 手动控制,即阀位控制,则当密度大的油品过泵时,泵出口压力升高,由于调节阀阀位不变,压力直接进入下游,导致下游压力升高,管输量有所增大;若管道采用出站压力调节阀 PID 自动控制,即出站压力设定控制,则虽然泵出口压力升高,但是调节阀出站压力设置不变,即根据程序逐渐关阀门,保证出站压力不变;若采用进站 PID 自动控制,则泵的抽力增大,进站压力减小,为保证进站压力不变,调节阀开度变小。密度大的油品过泵可导致管线能耗增大。

对于密度大的油品过泵,若采用调节阀 PID 手动控制,且管道出站压力处于极限压力,则应提前进行人工干预,减少调节阀开度,避免出站超压。

2)密度小的油品过泵

相对于密度大的油品过泵,密度小的油品过泵的趋势与之正好相反。若管道出站采用调节阀 PID 手动控制,给下游提供的压力减小,管输量有所降低;若管道采用出站压力 PID 自动控制,密度小的油品过泵后泵汇管压力减小,要想保证出站压力,需调节阀开度变大;若采用进站压力 PID 自动控制,密度小的油品过泵后泵的抽力减小,为保证进站压力保持不变,调节阀开度需变大。

3)黏度的影响

黏度较大的油品进入管道后,随着油品运移,与管壁的摩阻逐渐增大,若采用调节阀 PID 手动控制,其水力坡降线逐渐增大,下游进站压力下降,若不采取措施则管线流量逐渐降低;若采用出站压力 PID 自动控制,上游出站压力保持不变,站场管段的压降一定,但黏度大的油品导致沿线摩阻增大,且随着油品运移,调节阀开度逐渐增大(管道调节阀未全开,有一定的节流),管道输量逐渐降低。

由图 3-30(a)所示两条水力坡降线可知,当管线内充满黏度大的油品时,管线的运行压力最高且水力坡降线最陡,黏度小的油品水力坡降线较为平缓,虽然油品黏度不同,但都必须满足下游泵站入口压力高于净吸入压头(NPSH)。当管道输量一定时,油品黏度、密度越大,产生的摩阻损失就越大,水力坡降线也就越陡。由图 3-30(b)可知,黏度较大的油品充满管道后,黏度较小的油品后进入管道,因黏度导致沿线摩阻变小,相同输量下,水力坡降线斜率变小。此时,若想保持管线输量恒定,应减小出站压力。图 3-30(c)中黏度大的油品进入管道推送黏度小的油品在管线内运行,其黏度介于中间,沿线摩阻随着油品运移逐渐增大,若不进行调整,则下游进站压力会逐渐减小。图 3-30(d)给出了三种不同黏度油品在管线内的运移情况,由图可知,相同管段不同油品黏度导致的管线水力坡降线各不相同,黏度越大,水力坡降线斜率越大。

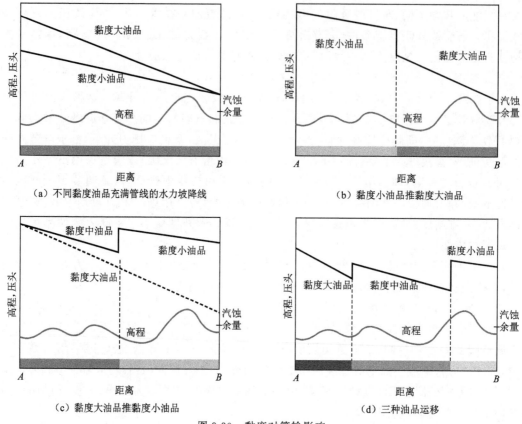

（a）不同黏度油品充满管线的水力坡降线　　　　（b）黏度小油品推黏度大油品

（c）黏度大油品推黏度小油品　　　　（d）三种油品运移

图 3-30　黏度对管输影响

3.3.7　管道蜡堵初凝

管道蜡堵主要是由于管输高含蜡原油时，当油温降低至析蜡点以下，油品中部分蜡在管壁上结晶析出，并与原油中其他组分一起沉积在管壁上造成管壁结蜡，使流通面积减小，原油流动阻力增大。清管器所清杂质及管壁结蜡导致卡球，如图 3-31、图 3-32 所示。管壁结蜡及其造成的管道运行特性的变化是长周期、缓慢性的，短时间内较难发现。若管线进行清管作业，清管器过盈量较大，或清管前期未进行启炉热洗等操作，则管壁结蜡层大量集中脱离，当上游压力不足以推动时，易导致蜡堵事件，使管线停输。若蜡堵不能及时解决，管道长时间停输可导致凝管。

管道蜡堵工况特征为：

① 上游压力持续增大，输量下降；

② 下游吸入压力持续降低，输量降低；

③ 上游控制阀门节流或变频器控制百分比变化；

④ 下游控制阀门节流或变频器控制百分比变化；

⑤ 上游输油泵电流减小。

以某高含蜡原油管道运行为例，管道处于超低输量运行，中间站停炉后导致下游油温降低，蜡晶析出，摩阻显著增大，同时流量降低，出现蜡堵征兆。管道运行参数及趋势图详见表 3-12 和图 3-33。

图 3-31 清管器所清杂质

图 3-32 管壁结蜡导致卡球

表 3-12 某热油管道停炉后输量摩阻数据表

日 期	输量/(m³·h⁻¹)	上游至下游站摩阻/MPa
7 月 25 日	301	1.39
7 月 26 日	295	1.56
7 月 27 日	280	2.28
7 月 28 日	270	2.48
7 月 29 日	267	2.46
7 月 30 日	253	2.78

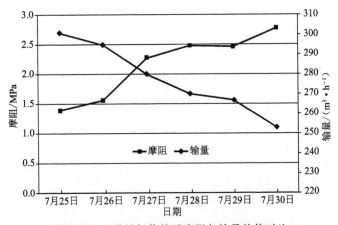

图 3-33 上游站场停炉后摩阻与输量趋势对比

由表 3-12 和图 3-33 可知,该管段上游停炉后,7 月 25 日至 30 日,摩阻由 1.39 MPa 增为 2.78 MPa,管线输量由 301 m³/h,降至 253 m³/h,出现蜡堵工况,若不及时处置可导致管线凝管事故。因此,管壁结蜡可导致蜡堵等长周期数据变化,应建立有效的监控手段,分析结蜡情况,实现管道的有效控制。

3.3.7.1 工况分析

我国各油田所产原油绝大部分为易凝高黏原油,例如大庆、胜利、任丘、南阳等原油多属于含蜡较多的高凝点原油,此类原油在油温高于反常点温度时,黏度较低,且随温度变化不大,属于牛顿流体;当温度降至接近凝点时,黏度急增,具有非牛顿流体的特性。单家寺、孤岛、高升、新疆九区原油等多属于胶质含量大的高黏度原油,通常称为稠油,这些原油凝点较低,黏度很高,室温下可达数千甚至上万 mPa·s。

对于易凝高黏原油的管道输送,目前大多采用加热输送。此法虽然行之有效,但也存在停流凝管事故的危险。

原油管道初凝事故主要发生在以下两种输油工况下:一是正常的连续输油过程中,由于输量过小或输油温度过低,管线运行进入不稳定工作区。加上某些自然或人为因素,如某种原因使管道散热太快,油温下降,管中原油的流变性恶化,表观黏度突增,促使管道摩阻迅速递增,管道泵站提供的压力无法克服油品沿线摩阻,输量逐渐降低,并最终导致管道初凝事故。例如,位于青海省柴达木盆地境内的花格输油管道,全长约 436 km,管道尺寸为 $\phi273$ mm×6 mm,1990 年初在连续输送条件下发生凝管事故,损失 8 亿元人民币。二是在热输原油管道计划检修、事故抢修以及因油量不足而采用间歇输油工艺时,都不可避免地面临管道停输。若停输时间过长,管内油品温降较大,管内停留原油的流变性随之恶化,在管线上较长的一段管内油品变为假塑性流体和屈服假塑性流体,使管道的再启动压力大于管道允许的最大操作压力而无法启动,或管道虽然能启动,但启动后流量太低,管道处于不稳定工作区,使得流量越来越小而造成凝管事故。例如,位于新疆境内的火山输油管道,管线从火烧山至北山台,全长 85.7 km,$\phi273$ mm×10(9)mm,因油源不足而采取了间歇输送工艺,2000 年初停输时,正值地温最低的时节,管道原油停输 8 h 后再启动出现困难,已产生初凝现象。

热油管道在出站油温一定的情况下,随着输量的变化,管道的工作特性曲线可能出现图 3-34 所示的三个区间。

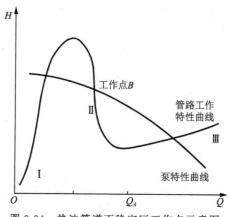

图 3-34　热油管道不稳定区工作点示意图

（1）Ⅰ区:小流量区,摩阻随流量的增大急剧加大。一方面,随着流量的增大,流速增大,摩阻增加;另一方面,终点油温接近自然地温,平均油温较低,且随流量的变化不大,故油流的黏度较大,随着流量的略微增大,黏度下降不多,因而表现为摩阻随流量的增大而显著增大。Ⅰ区的排量很小,但压头消耗很大,是非工作区。

（2）Ⅱ区:中等流量区,亦是热油管道的不稳定区,摩阻随流量的减小反而增大。管线流量减小,原油沿流动方向温降加大,造成原油黏度增大,雷诺数减小,处于层流流态的管段逐渐增多,而管道的水力摩阻系数随着管道向层流流态的移动而增大,从而使摩阻增大。当增加的摩阻超过了流速降低所减少的摩阻时,摩阻随流量的降低呈上升趋势。尤其对于黏温指数较大的含蜡原油和重油,当油温较低时,黏度随温度的变化较剧烈。另外,当油品温度低于原油反常点时,原油由牛顿流型转变为非牛顿流型,非牛顿流体的黏温关系曲线比牛顿流体的陡峭,表观黏度随输量减小而急剧增大,从而使管线摩阻急剧增大。

(3) Ⅲ区:大流量区,摩阻随流量的增大而增加。一方面,流量增加到一定程度,终点油温接近出站油温,且随流量的变化不大,平均油温上升达到极限,黏度对摩阻的降低作用不存在了;另一方面,随着流量的增大,流速增大而使摩阻增加。Ⅲ区的特性类似于等温管道特性,是管道的稳定工作区。

Ⅱ区通常称为不稳定区。因为当热油管道在该区内运行时,常可能由于某些外界因素的影响使流量减小,当工作点发生变化时,摩阻反而增加。使用离心泵的管道就会产生恶性循环反应,即流量降低,摩阻上升,泵排量下降;摩阻进一步增大,泵排量继续减少,直至进入Ⅰ区工作。这种恶性循环会使整个管道陷入停输的困境。Ⅱ区、Ⅲ区的分界流量叫作临界安全流量。

临界安全流量是热油管道能否安全运行的分界点。在一定的输油条件下,当热油管道的输量小于临界安全流量 Q_A 后,管道运行进入水力不稳定区,极易引发管道的停流、初凝事故。由此可见,原油管道发生凝管事故的直接原因在水力方面,但根本原因是管道内原油温度较低,致使原油的流变性能恶化。因此,为了保证热油管道安全、经济运行,需要深入研究管道热力情况、水力情况,以及与二者密切相关的原油流变性能。

临界安全流量主要由管道的特征尺寸、传热情况、管内壁粗糙情况、管道入口处油品的温度、管道周围的土壤自然温度以及管道所输送油品的性质决定。在原油的出站温度不变的情况下,如果管道的输送流量小于临界安全流量,则管道进入不稳定区工作,从而引发初凝。对于一条已知的输油管道,管内油品种类不发生变化,其特性曲线随油品加热温度、管道流量以及地温的变化而变化。当管道的总传热系数不随季节变化时,管道特性曲线上的临界安全流量只是加热站出站温度的函数。因为随油品出站温度的降低,管道的临界安全流量增大,所以原来处于稳定运行工作区的管道在流量不变的情况下,如果原油出站温度降低,使得管道的流量小于出站油温所对应的临界安全流量,则管道进入不稳定区工作,从而引发初凝。

因此,在管道低输量运行时,一旦有外界因素致使管道的流量稍微减小或者输送油品温度微小降低,极容易使管道的输送流量小于临界安全流量,管路运行进入不稳定区工作,管路摩阻快速增大。

3.3.7.2 工况处置

对于输送易凝高黏原油的长输管道,日常运行应尽量避免输量进入不稳定区。若因油田来油、库存降低及炼厂检修等问题导致管道长时间低输量运行,应加强关注油温、摩阻变化,一旦发现初凝工况就应尽快提高管道输量和油温。若管道长时间停输导致初凝及蜡堵工况,甚至发生凝管事故,则仅靠起点的输油泵可能不足以使管线恢复正常运行。此外,由于管线承压能力限制,需要采取分段加压顶置换。最大允许顶挤压力由管线承压能力和泵提供的最大压力确定。长距离输油管道上原油的屈服应力是油品温度的函数,而油品温度沿管道长度分布,且在停输冷却的过程中,沿线的油品温度又是时间的函数。因此,在计算压降时,顶挤压力为:

$$dp = \frac{4\tau_0(t,l)}{D}dl \tag{3-51}$$

式中,$\tau_0(t,l)$ 表示在停输 t 时刻管道上,位置 l 处的原油的屈服应力,可由再启动试验中屈服应力和温度的函数关系式确定。

对于长距离加热原油管道,停输时的初始温度场是稳定运行时的温度场,管内油品温度沿管道按照稳定运行时指数分布逐渐降低,因此,在停输冷却的过程中,管道末端油品温度首先降到凝点,随着停输时间的延长,凝点温度在管道上从终点逐渐往前推移。当停输时间为 t,凝点温度到达远离管道末端的距离 L 处时,该段管道上原油全部凝固,且顶挤该已凝原油管道时的压力为最大允许顶挤压力,此时该停输时间对应于以最大允许顶挤压力顶挤起点温度为凝点的一段全凝管道的最长停输时间。若时间再延长,则管道要分多段顶挤。

采用数值解法求解最长停输时间和顶挤长度。选取一定的时间步长 Δt,在管道上选取一定的长度步长 Δz,将管道划分成 n 段,有 $n+1$ 个节点。按照时间上逐渐增加,空间上依次累加的方法计算顶挤压降和顶挤长度。

1)停输 t 时刻管内原油温度场

采用有限元法求解停输降温不稳定温度场。首先,将求解区域离散为有限个单元,对于每一个单元,材料的比热容、密度和导热系数均可视为常数,简化了各单元的不稳定导热微分方程。其次,根据边界条件和不稳定导热微分方程,得到相应的泛函。再次,对泛函进行变分计算,代入温度差值函数,积分后可得到单元的有限元方程式。最后,对求解区域内的全部单元进行总体合成,得到以所求节点温度为未知量的线性方程组,即总体有限元方程,对其中的节点温度未知量采用向后差分格式展开,最终得到总体有限元方程的迭代形式:

$$\left([K]_t + \frac{1}{\Delta l}[N]_t\right)\{T\}_t = \frac{1}{\Delta l}[N]_t\{T\}_{t-\Delta t} + \{p\}_t \tag{3-52}$$

式中,$\{T\}_{t-\Delta t}$ 是已知的上一时刻 $t-\Delta t$ 的温度场,代入上式即可求得 t 时刻的温度场 $\{T\}_t$;再用 $t+\Delta t$ 代替上式中的 t,就可解出 $t+\Delta t$ 时刻的温度场;如此递推就可求得时间间隔为 Δt 的各个时刻的温度场。

2)停输 t 时刻管内原油顶挤压降和顶挤长度

在停输 t 时刻,在管道上 z 节点到下一个节点 $z+\Delta z$ 之间的一步长 Δz 上,迫使该步长管道内的油品流动、克服屈服应力所需的顶挤压降为:

$$\Delta p_t = \int_z^{z+\Delta z} \frac{4\tau_{0t}(t,l)}{D}\mathrm{d}l \tag{3-53}$$

由于温度都离散在各节点上,所以可以采用一定的数值积分方法求解该积分。把管段上所有步长上的顶挤压力依次累加得到管道上总的顶挤压降 $\Delta p = \sum \Delta p_t$,同时管道上屈服应力不为零的管道长度就是被顶挤的凝油长度 $L_{\Delta p}$。

3)最长停输时间 $t_{\max}$ 以及顶挤长度

从管道停输开始,随着停输时间的延长,管道上的凝油段变长,温度场也随停输时间延长而降低,故总的顶挤压降 Δp 逐渐增大。当总压降 Δp 与最大允许顶挤压力 p_{dj} 的误差在允许范围内时,这一时刻 $t_{\max}$ 即以允许的最大顶挤压力顶挤一段起点温度为凝固点的凝油段的最长停输时间。在此时刻的总压降 Δp 所对应的总长度 $L_{\Delta p}$ 即顶挤长度,顶挤的位置在整条管道上处于距管道起点 $L-L_{\Delta p}$ 处。

3.4　管道操作控制

管道日常运行相关操作主要包括计划性的启停输、增减量、切泵、分输注入、加热炉调整等。其中,管道启停输操作较复杂,涉及上游油库、油田及下游炼厂等非管道部门,且操作过程中压力、流量波动较大,工作量较大;增减量操作涉及全线,但往往只针对某一站或某一台设备进行操作,工作量较小;切泵操作主要因某台泵运行时间过长、泵参数异常或配合现场对泵维检修、电力倒闸等作业,需要启用备用泵,SCADA 系统站场操作内基本都具有泵切换指令,通过水力系统的模拟修正可以实现无扰动切换;加热炉是保证管道输送高凝点、高黏度原油安全运行的主要设备,它的投用和调整对管道水力、热力系统影响具有滞后性,因此在调整前,尤其是停炉前需做好下游油温预算。

3.4.1　操作技术条件

原油管道采用中控远程控制操作时,管道设备、远程通信等应满足远程控制要求,例如保证泵、阀门等关键设备处于远控状态,各运行参数稳定有效地上传到中控画面,中控与现场的通话设备保持畅通等。基本操作技术条件如下:

(1) 由中控负责操作的输油泵、阀门等设备状态功能完好,控制状态置于远控;

(2) 管道沿线各站场到控制中心的主、备数据通信路由开通,线路正常,远传压力、温度及流量参数正常上传;

(3) 各种压力保护程序、连锁功能、单体设备和站场 ESD 有效投用;

(4) 投用水击保护程序;

(5) 调度电话开通,语音通话正常。

3.4.2　控制权限

在调度控制中心与站场间通信正常的前提下,一级调控管道均为调度控制中心远程控制正常工况原油、成品油管道操作权限见表 3-13。当 SCADA 系统控制权由中控切至站控,现场设备处于远控状态时,在中控授权情况下,管道可采用站控或就地操作。若调度控制中心与站控系统间通信发生故障或调度控制中心出现意外事件(系统故障、检修、失电、恐怖袭击等),则站控系统能主动获得控制权,进行站场控制。由于站控系统一般只

表 3-13　正常工况原油、成品油管道操作权限表

序 号	操作内容	中 控	站 控	就 地	备 注
1	全线启输	操 作	按需监视	按需监护	
2	全线停输	操 作	按需监视	按需监护	
3	分 输	操 作	按需监视	按需监护	正常情况下,主工艺设备操作由中控执行,现场人员应根据中控指令提前进行设备检查、确认,确保设备完好、备用,并置于远控状态。对于远控状态的设备,中心调度有权在不通知现场的情况下随时启用
4	注 入	操 作	按需监视	按需监护	
5	增/减量	操 作	按需监视	按需监护	
6	启 泵	操 作	按需监视	按需监护	
7	停 泵	操 作	按需监视	按需监护	
8	调节阀	操 作	按需监视	按需监护	
9	减压阀	操 作	按需监视	按需监护	
10	远控阀门开/关	操 作	按需监视	按需监护	

序　号	操作内容	中　控	站　控	就　地	备　注
11	加热炉系统	监视/操作	操　作	操　作	热媒炉系统由中控启停、进行出站温度调整;直燃式加热炉系统由现场人员操作,进行温度调整
12	清管作业	指　挥	按需监视	操　作	收发球作业的准备工作由现场完成。对设置收发球流程切换连锁逻辑的管道,宜由站控进行流程切换
13	加剂系统	监　视	按需监视	操　作	
14	泄压系统	监　视	按需监视	操　作	泄压回注系统由现场操作
15	污油系统	监　视	按需监视	操　作	应设置污油泵自动启停逻辑
16	燃料油系统	—	按需监视	操　作	
17	消防系统	—	按需监视	操　作	混油拔头、转运、掺混等作业由现场人员操作

能监控到本站和上下游 RTU 阀室的运行参数,仅仅依靠这些局部参数无法使站控控制整条管道的水力系统,操作具有局限性,所以此时站控对全线的启停输等大型操作需由中控授权或者指挥操作。对于站场工艺性质不同,如大型储库、与干线水力系统不相连的支线管路,可单独设置控制权,由站控进行日常操作。

3.4.3　工况分析与操作

以管线启输为例,根据 1.3.4.1 沿程摩阻损失公式可知,启输过程中随着管输量增大,管道沿线摩阻增大,水力坡降线由水平逐渐变成倾斜,并随着输量增大斜率增大。如图 3-35 所示,管道停输时输量为 0,全线没有摩阻损失,根据水静力学原理,各个点的总压头等于高程、静压的和,即沿线各个站场管段之间水力坡降线为横线;当管道启输后,沿线摩阻增加,各个点压头等于首站的总能量压头减摩阻损失,其大小沿着管道方向逐渐减小。管道启输完成后提量,沿线摩阻增大,水力坡降线斜率更大,如图 3-35 所示。

3.4.3.1　启　输

管线启输前导通首末站收发油流程及各中间站输油流程,同时泵站准备好备用泵。如需加热输送,热站也应提前备好加热炉。若管输高含蜡高凝点油品,则工艺运行上可能需导通站内回流流程,先启用给油泵及加热炉进行站内回流,待油品温度满足外输要求再导通外输流程。对于密闭管道启输,沿线管内油品压力均需高于其饱和蒸气压,避免发生液柱分离或两相流。管道启输需确定初始流量。初始流量一般为设计给出的管道最低启输流量,待最低启输流量所需泵设备运行稳定后,可根据最终目标输量启用其余泵设备。

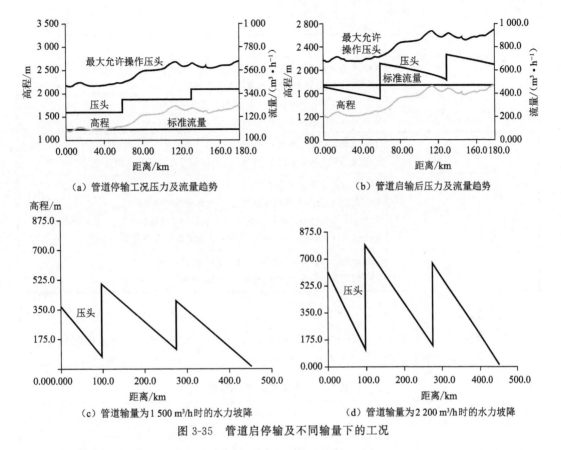

（a）管道停输工况压力及流量趋势　　　（b）管道启输后压力及流量趋势

（c）管道输量为1 500 m³/h时的水力坡降　　　（d）管道输量为2 200 m³/h时的水力坡降

图 3-35　管道启停输及不同输量下的工况

1）启输条件

原油管道启输前应提前做好启输准备工作，确认调度令、配泵方案、加热炉启炉方案、导通流程，调整调节阀开度，投用保护系统、加剂系统等。管道具体启输条件参考表 3-14。

表 3-14　管道启输条件

序号	内容	备注
1	调度令签发与接收	起草调度令，联系相关站场接收调度令
2	配泵方案	按照计划输量配泵
3	储罐系统	油品满足外输条件，导通外输油品储罐的罐前阀
4	首站泵系统	（1）所有泵入口阀处于远控、全开、自动状态，出口阀根据要求处于远控、全关（或10%开度可调）、自动状态； （2）回流阀全关； （3）配泵方案中的泵及备用泵满足启泵条件； （4）站场人员应对泵提前进行盘泵检测
5	调节阀区	（1）调节阀前后阀门处于全开状态； （2）调节阀处于远控，开度为 15%～30%（具体开度根据阀门特性调整）
6	出站阀组区	出站正输流程导通，清管流程关闭

序　号	内　容	备　注
7	中间站流程	(1) 中间站场全站输油流程导通; (2) 输油泵、过滤器、调压阀等设备完好备用; (3) 分输油库已做好收油准备,且已导通相关流程; (4) 注入油库已做好发油准备,且已导通相关流程
8	末站流程	(1) 末站站场全站输油流程导通; (2) 进站调压阀处于远控,并建立比目前压力高 0.2 MPa 的背压
9	保护系统	(1) 全线各站场 ESD 保护投用; (2) 各站高、低压泄压阀完好备用,并确认泄压流程通畅; (3) 各站安全阀等设备完好备用,并确认排污流程通畅,零位罐具备承接能力; (4) SCADA 系统限值报警投用正常,关键参数处于有效监控范围内
10	辅助系统	(1) 加热、伴热、保温系统完好,且已根据需求投用; (2) 加剂系统完好,并能够根据生产需求投用

2) 启输操作

管道启输是中控和站场人员配合的过程,启输前由现场人员进行流程、设备状态等启输条件的确认,待满足要求后,操作员根据操作票逐步操作。具体操作内容及注意事项见表 3-15。

表 3-15　管输启输操作内容

序　号	操　作	操作内容	备　注
1	启首站给油泵	若首站需站内循环,则调节站内回流流程,控制输量并安排现场人员启炉,待站内循环完毕后导为外输流程	—
2	启首站输油主泵	操作员远控设置出站调节阀开度,在出站压力可控情况下,启动首站输油主泵	根据全线水力特点确定首站及沿线站场主泵启泵顺序
3	启中间站输油泵	按压力波传递顺序,在确保管道和站场不超压的情况下,依次启动相应泵站的输油泵	
4	末站控制	逐步降低末站背压,全线建立基本流量	—
5	分输站控制	开分输站分输调节阀,并确认分输管道流畅,建立基本流量	—
6	全线各站控制	调节各站压力、分输调节阀开度,使全线达到稳定的目标输量和分输流量,并将该工况的流量降低到最小	—
7	加热炉启用	中间站待流量满足加热炉启炉要求后,安排现场启用	—
8	故障处置		启输过程中现场人员一般做现场监护,若为无人站场,则优先考虑启用备用设备
9	报警设置	启输完成后,设定压力、流量等关键参数的报警限值	—

3.4.3.2 停输

管道正常停输是重要的日常操作。停输原因包括计划性安排停输或配合现场维检修、动火作业等。停输主要根据管道运行特点制定的操作票执行。操作票规范的操作步骤通常应保证不高点拉空、各泵站停泵过程中不超压。对于有加热炉运行的站,操作票应给出执行停炉的参数标准。例如,中间站停泵前应先停运加热炉,待炉膛温度降至100 ℃后再执行停输操作,而首站一般需由正输流程调整至站内循环流程,待炉膛温度降至100 ℃后再停给油泵,以减少冷油进入管道。

1) 停输条件

原油管道根据计划安排全线停输,主要由首末站通知上游油田、下游炼厂等相关部门做好停输前准备。管道具体停输条件见表 3-16。

表 3-16 管道停输条件

序 号	内 容	备 注
1	停 输	(1) 输油任务完成或现场动火作业需要管道停输配合; (2) 可由中控下发调度令或者电话通知站场
2	停输时间	(1) 根据任务量或作业时间确定停输时间; (2) 对于管输高凝点原油管道,应控制停输时长,避免发生凝管事故
3	现场准备	停输过程尽量安排人员现场监护
4	水击保护	不能识别中控启停泵下发操作命令的管道需屏蔽水击保护程序

2) 停输操作

管道停输操作与启输类似,同样需要中控和站场人员配合执行,操作员依据操作票逐步执行。管道停输具体操作内容及注意事项见表 3-17。

表 3-17 管道停输操作内容

序 号	操 作	操作内容	备 注
1	停加热炉	停运全线加热炉	待炉膛温度降至规程要求后,管道停输
2	管线降量	全线输量降低到较低的输量台阶	通过全线降量减少停输过程对管道的压力冲击
3	首站停泵	首站开始停运主泵	停输过程中主泵及沿线调节阀控制的时间和顺序,需根据沿线水力特点确定,保证高点压力不拉空,主泵入口不抽空,管道沿线不超压,同时为下一次启输操作奠定基础
4	站内循环及停运首站给油泵	若管线首站启炉,主泵停运后,逐渐关闭外输流程,导通站内循环流程,使用给油泵实现站内循环。待炉膛温度降至规程要求温度以下,停运给油泵	
5	中间站停泵	根据减压波的传递过程,依次适时停各站输油泵,关闭减压阀,停分输,使该站的上游保持合理的停输压力	
6	末站控制	减压波传递到末站时,逐步提高背压,直至调节阀全关	

续表 3-17

序　号	操　作	操作内容	备　注
7	流程关闭	中控关闭各站进出站阀门	—
8	报警设置	停输完成后,对压力、流量等关键参数设定报警限值	—

3.4.3.3　增减量

管道按照启输流量操作完成后,根据目标输量进行调整。对于目标输量与启输量相差较小的情况,可通过管道上下游节流调整来实现运行要求;若目标输量与启输量相差较大,沿线需启泵增量。增量操作时,一般控制启泵站场调节阀,待形成一定节流后再启泵,避免启泵瞬间输量过大,导致泵电流超保护限值,同时避免发生管道上游抽空、下游充装或超压。

管道的增减量操作优先采用改变调节阀开度来减小/增大节流,以及调整下游进站压力等实现。节流调整可从两个方面实现,一是将出站有节流的站场调节阀开度逐渐开大,如表 3-18 所列工况,首站调节阀开度为 40%,且有节流,可以通过开/关首站调节阀开度,减小/增大节流实现增/减量操作;末站因调节阀开度为 100%,无法实现增量操作,但可以关小调节阀开度,实现减量操作。二是利用全线系统分析法调整沿线运行状态,降低高点压力(最低可降至 0.2 MPa),如表 3-18 所列工况,末站调节阀开度为 60%,节流较大,可通过开/关末站调节阀开度,实现增减量,末站调节阀开关应关注高点压力,避免高点拉空。

管道最优工况为全线无节流,见表 3-19。

表 3-18　站场节流工况数据

站　场	进站压力/MPa	出站压力/MPa	调节阀开度/%	节流/MPa
首　站	—	1.67	40	0.5
高　点	1.09	1.09	—	—
2#热站	2.45	2.29	—	—
3#热站	1.71	1.55	—	—
末　站	0.81	—	100	0.55

表 3-19　全线无节流工况数据

站　场	进站压力/MPa	出站压力/MPa	调节阀开度/%	节流/MPa
首　站	—	0.9	100	0
高　点	0.3	0.3	—	—
2#热站	0.7	0.7	—	—
3#热站	0.5	0.5	—	—
末　站	0.3	—	60	0.2

对于涉及启停泵的较大的增/减量操作,操作过程一般安排人员到现场监护。若操作过程出现泵、调节阀等设备故障,可由中控指挥现场人员就地操作。管道增减量结束后,

油温或加剂量应随之调整。

3.4.3.4 启泵/切泵

1) 启泵

输油泵是管道运行的动力源,泵启动时抽取管道上游油品,往下游管段补充,启泵前泵入口压力应高于一定值,以避免启泵瞬间泵抽力过大,导致入口压力低于泵的允许汽蚀余量而保护停泵。泵启动瞬间初始流量较大,在泵曲线上反映为工况点右移,扬程小,流量大,可导致电流高超过保护值而锁定,因此泵启动瞬间出口阀一般全关或者设定较小开度(一般 10%),待瞬时流量降低后,工作点左移至正常位置时,再全开出口阀。

泵正常远程连锁启泵程序为:操作员点击连锁启泵命令,将泵出口阀开至一定开度(一般为 10%),运行 10 s 后出口阀自动全开。管道启输过程中,为使全线尽快建立流量,沿线各站启泵顺序应根据管道水力特点调整,对高程相对低的泵站可根据经验在压力波到达本站前启泵,以增大上下游压差,同时注意避免上游高点拉空、下游充装。

2) 切泵

当运行需要切泵时,一般优先选用系统自动切泵,即通过 SCADA 系统切泵操作界面选择要启用和停用的泵,然后执行切泵命令即可完成切泵操作,如图 3-36 所示。

图 3-36　SCADA 系统切泵界面

若泵出口汇管或出站压力较高,安全余量小,一般选择人工操作。对于出站压力余量较小的站场切泵,一般先控制调节阀使出站有一定节流,然后在泵启用时通过调节阀将新启泵的压力节流,待新泵成功运行后再停原运行泵,如表 3-20 中的泵站,出站余量为 0.65 MPa,单泵提供压力为 2.5 MPa,切泵时若未调整出站调节阀开度,泵启用后将导致出站压力超高。若泵出口汇管压力余量小,一般采用先停后启操作,如工况 2 泵切换过程需要先停后启,因汇管余量为 2.5 MPa,切换泵时单泵可提供 3.0 MPa 压力,若不停运行泵,可导致汇管压力超高。泵切换过程需控制上下游站场,避免上游出站压力超压、下游进站抽空。

表 3-20　切泵工况参数表

工　况	进站压力/MPa	泵汇管压力/余量/MPa	出站压力/余量/MPa	单泵提供压力/MPa
工况 1	2.34	7.15/4.0	7.15/0.65	2.5
工况 2	1.63	3.9/2.5	3.9/3.5	3.0

3.4.3.5　加热炉调整

管输高含蜡、高凝点原油时,加热炉的稳定运行是管道安全生产的前提。由于加热炉的运行,原油管道的能耗一般较高,加热炉调整的目的是在保证管道安全运行的前提下节能优化。加热炉需根据站场、控制原则进行调整。首站若加降凝剂,一般需要最优处理温度,确保降凝剂与原油充分混合,导致加热炉的调整幅度较小。中间站出站油温需根据下游进站油温(高于凝点3℃)进行调整。作为密闭输送的管道,启炉站场出站油温较高,管道与地温温差大,热损失大,对此可充分考虑全线热损,控制加热炉功率、上游来油油温等,确定中间站加热炉运行方案。

对于运行多年的高含蜡原油管道,加热炉调整方案较成熟,站场启停加热炉对下游油温的影响可通过对比之前运行工况分析获得。启用上游加热炉替换下游加热炉,需待上游热油到达下游站场后停炉,如表3-21工况1数据,2#站出站油温为30℃,3#站进站油温为24℃,高于凝点4℃,若想启用2#站加热炉,停用3#站加热炉,需先启用2#站加热炉,待热油到达3#站再停用其加热炉,若过早停用则导致3#站出站油温过低,接近油品凝点20℃,给管道安全运行带来较大风险。用上游加热炉替换下游加热炉,可在上游冷油到达下游后启炉,如工况2,1#站停炉后出站油温约30℃,经分析2#站入站油温高于凝点以上3℃,满足运行要求,为了节能降耗可待冷油到达2#站后,2#站启炉。

表3-21　加热炉调整工况数据

工　况	站　场	进站油温/℃	出站油温/℃	加热炉运行数量/台
工况1	1#	27	52	1
	2#	28	30	0
	3#	24	40	1
工况2	1#	28	52	1
	2#	28	30	0

注:管输油品凝点为20℃。

3.4.3.6　阀门开关

管线准备启输前需首先确认管道流程是否导通。流程一般通过阀门开关控制,应遵循开阀门过程"先开低压区,后开高压区",关阀门"先关高压区,后关低压区"的原则。管道启输开阀时,先开分输点阀门,然后开沿途干线阀门。若站场、阀室或分输点海拔在管线下坡处,阀上下游有压差,流程导通使得上下游油品在压差作用下产生油流,则可以判断流程状况。有些管道末站处于低点,高点压力较低,开阀导通流程后可导致高点拉空,因此启输前流程导通过程中应做好阀门开关的时间控制。

3.4.3.7　管道背压

管道沿线存在下坡工况时,需在管道下游某点设置一定压力值,从而保证高点压力不低于油品饱和蒸气压,避免管道拉空,即管道背压。下游流程导通调节阀设置一定开度后,因管道存在高程差,油品开始流动,可通过背压调整实现管输流量的快速建立,实现目标输量。

3.5 管道水击保护

3.5.1 水击保护分析

目前长输管道采用"从泵到泵"密闭输送工艺,整条管线多是一个统一的水力系统,水击保护控制应从全线整体考虑。以中间泵站甩泵或失电泵全部停运为例,根据趋势分析,泵停运后上游为增压波(高于正常运行压力的压力波),下游为减压波(低于正常运行压力的压力波),全线流量降低。为确保管道上游不超压,下游压力不超低,上游站场应及时降压向下游发送减压波,以确保本站及下游管线的安全;下游站场应通过停泵或调解出站阀门,提高进站压力,防止泵抽空及进站压力超低等问题。

管道发生异常工况产生水击危害管道包括两种情况:一是水击的增压波有可能使管道压力超过允许的最大工作压力,使管道破裂;二是减压波有可能使稳态运行时压力较低的管段压力降至液体的饱和蒸气压,引起液流分离(在管路高点形成气泡区,液体在气泡下面流过)。对于建有中间泵站的长距离管道,减压波还可能造成下游泵站进站压力过低,影响下游泵机组的正常吸入。在长距离输油管道中,水击压力的大小和传播过程与管道条件、引起流速变化的原因及过程、油品物性、管道正常运行时的流量及压力等有关(对于输油管道,管道中液流骤然停止引起的水击压力上升速率可达 1 MPa/s,水击压力上升幅度可达 3 MPa)。由于液体的不可压缩性,由上述原因产生的压强变化比天然气管道大很多,水击影响也严重很多。因此,在长距离输油管道工程设计中,必须进行水击模拟计算,并研究防治和削弱水击作用的措施[2,3]。水击保护的目的是采取事先的预防措施使水击的压力波动不超过管道与设备的设计强度,管道内不出现负压与液体断流情况。水击保护方法按照管道的条件选择,采用的设施根据水击分析的数据确定。图 3-37 为管道发生水击保护的压力趋势,因管道上下游压力波动,导致水击压力波动较大,并具有震荡消减趋势。水击保护方法有管道增强保护、超前保护与泄放保护三种。

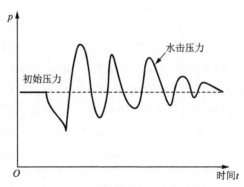

图 3-37 水击保护前、后压力趋势图

1) 管道增强保护

当管道各处的设计强度能承受无任何保护措施条件下水击所产生的最高压力时,不必为管道采取其他保护措施,即通过预先计算管道中可能出现的最大水击压力,采用适当的钢材或制造工艺保证强度,提升管道抗压能力。这主要从设备或制造工艺方面进行防护,但管道设备、制造工艺或材质等方面的要求不可能无限制地提高,因此管道增强保护受钢材或制造工艺的限制。

2）水击超前保护

超前保护是指在产生水击时，由管道控制中心迅速向上、下游泵站发出指令，上、下游泵站立即采取相应保护动作，产生一个与传来的水击压力波相反的扰动，当两波相遇后，抵消部分水击压力波，以避免对管道造成危害。超前保护是建立在管道高度自动化基础之上的一项自动保护技术。

当管道末站阀门因误操作而全部关闭时，上游各泵站当即接受指令顺序全部关闭。当某一中间泵站突然关闭时，指令上游各泵站按照调节阀节流、关闭一台输油泵、关闭两台输油泵的顺序动作，同时指令下游泵站也按照上述顺序动作。如果泵站装备是调速输油泵机组，在调节阀节流与关闭一台输油泵两种动作之间尚可增加调速泵机组降速运转动作。上述上、下游泵站调节阀的节流幅度根据水击分析结果确定。当各泵站采取的动作已达到水击分析结果所确定的压力与流量要求时，不再执行下一步保护动作。

3）泄放保护

泄放保护是在管道的一定位置安装专用的泄放阀，当出现水击高压波时，通过阀门从管道中泄放出一定数量的液体，从而削弱高压波，防止水击造成危害。泄放阀设置在可能产生高压波的地点，即首站和中间泵站的出站端、中间泵站和末站的入口端。

密闭输送管道任何一个泵站压力与流量的变化都会使全线压力与流量在瞬间发生相当程度的压力波动。水击严重时，对管线与设备可能造成损害，所以密闭输送管道必须对可能产生的水击现象进行分析，并采取相应保护措施。输油管道中产生水击的原因有许多种，但对管道与设备安全构成威胁的有两种：

（1）中间泵站因为动力中断，输油泵突然全部关闭，在停泵站进口侧产生高压波，停泵站出口侧产生低压波。

（2）干线截断阀或中间泵站因误操作进站阀门突然关闭，阀前产生增压波，阀后产生减压波。

水击时的高压波与低压波分别沿管道传播，高压波与管道中原有输油压力叠加产生异常的高压力，低压波可能在管道内造成负压。这两种水击是密闭输油管道需要重点分析和保护的。

在上述两种水击状态下，当无任何水击保护措施时，应分析输油管道各处在任何时间所出现的最高与最低压力，以确定是否需要采取保护措施。当采取某种水击保护措施时，应分析输油管道各处在任何时间所出现的最高与最低压力，以判断保护措施是否得当。

水击保护程序用于分析确定管道全线水力系统。目前管道投入使用的水击保护程序多是通过水力模型模拟工况发生后水击波在全线的传播，确定导致站场超压甚至爆管等的运行风险点，进而采取主动调节控制措施。在管道稳态运行时，若发生站场甩泵、断电、流程关闭等工况，由 SCADA 系统报警并发布事件命令信息，实现工况的实时定位、捕捉，并触发水击保护程序。通过全线系统分析法获得管道风险点，在水击保护程序制定时进行相应的补偿操作，减少水击压力对管道的影响。若未通过全线系统分析，则水击程序发布的命令很容易在控制的大小和类型上出错，也可能会进一步产生水击，危及管道安全运行，导致管道水力系统恶化，严重时可导致站内设备漏油或管道压力薄弱处爆管，造成严重的环境影响。

以图 3-38、图 3-39 为例，在管道的低点，水击波可能导致管道的运行压力超过管道的最大允许操作压力。在超压状态下，管壁会超出弹性极限而处于屈服状态，这样管径就会增大或者管壁出现破裂。在管线高点，一个负压波可能会导致液柱分离。

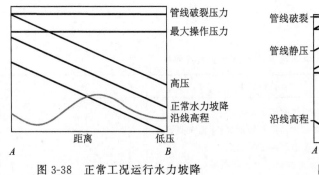

图 3-38 正常工况运行水力坡降

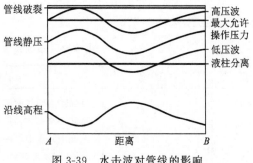

图 3-39 水击波对管线的影响

3.5.2 水击超前保护程序案例

对于管道 SCADA 系统水击超前保护程序的设计，一般是通过建立管道仿真模型，针对不同工况发生后沿线水击波传播趋势，计算给出合理的水击波消减措施，从而控制水击压力对上下游站场的冲击，保证管道设备及管材处于安全压力下运行。SCADA 系统界面如图 3-40 所示。

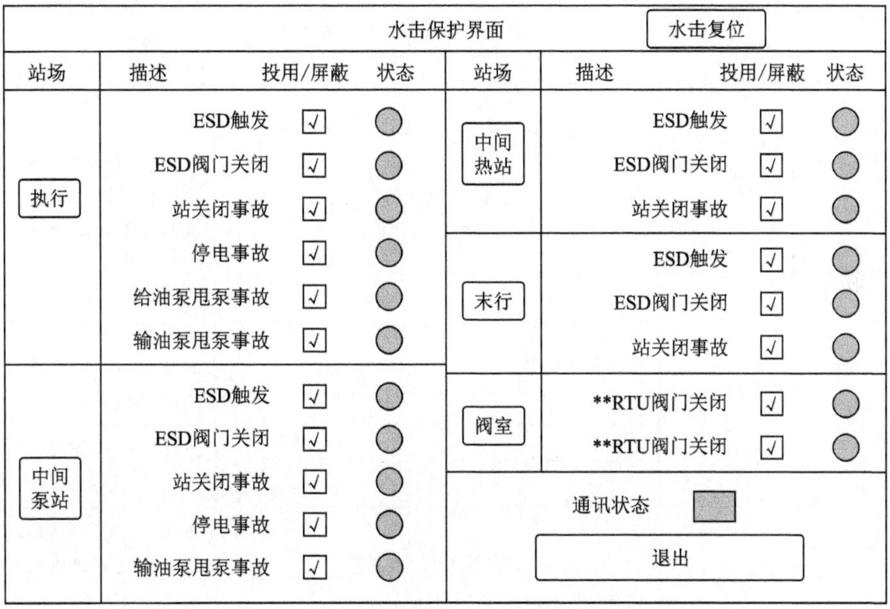

		水击保护界面		水击复位			
站场	描述	投用/屏蔽	状态	站场	描述	投用/屏蔽	状态
执行	ESD触发	☑	○	中间热站	ESD触发	☑	○
	ESD阀门关闭	☑	○		ESD阀门关闭	☑	○
	站关闭事故	☑	○		站关闭事故	☑	○
	停电事故	☑	○	末行	ESD触发	☑	○
	给油泵甩泵事故	☑	○		ESD阀门关闭	☑	○
	输油泵甩泵事故	☑	○		站关闭事故	☑	○
中间泵站	ESD触发	☑	○	阀室	**RTU阀门关闭	☑	○
	ESD阀门关闭	☑	○		**RTU阀门关闭	☑	○
	站关闭事故	☑	○		通讯状态	▢	
	停电事故	☑	○		退出		
	输油泵甩泵事故	☑	○				

图 3-40 典型站场水击保护画面

以典型原油管道中间热泵站触发水击保护为例，其主要触发因素包括：站 ESD、站关闭、停电事故、给油泵甩泵、主泵甩泵等。水击保护程序触发后，根据工况不同分别采用管线降量或停输等措施。其中，某爬坡管道中间热泵站事故全线停输控制程序如下：

（1）紧急停运全线所有站场加热炉；

（2）紧急停运首站及上游泵站所有输油泵；

（3）＊＊s（根据压力波传播到达下游时间确定）后，停下游泵站所有输油泵；

（4）待泵站的泵停运完毕后，其下游热泵站根据压力波传播速度确定依次停泵时间；

（5）根据（4）中最后热泵站停泵时间，以 0.1 MPa/s 的速率将末站进站压力逐渐调整至＊＊MPa(该压力需确保管道高点不拉空)。

假设中间热泵站共有 4 台主泵,分别为 P1～P4,当不同水击工况发生后,触发水击保护执行程序,见表 3-22。

表 3-22　中间热泵站水击保护执行程序

序　号	触发因素	执行步骤	备　注
1	站 ESD	(1) ESD 停运该站所有加热炉; (2) ESD 停运该站所有输油泵(不论泵是否在运行),调用紧急停泵程序; (3) P1～P4 全部处于停运状态时关闭中间热泵站进、出站 ESD 阀门; (4) 调用"全线停输控制程序-中间热泵站事故"; (5) 当站 ESD 指令触发＊＊s 后 ESD 阀均没达到全关状态时,给出站 ESD 失败信息,上传调控中心	上一步操作执行完毕后方可执行下一步
2	泵站关闭	(1) 接收到中间热泵站站控系统上传的"站关闭预报警"信号,并持续 30 s 不解除; (2) 控制中心接收到中间热泵站站控系统上传的"站关闭"信号	当上述条件之一具备时,执行"全线停输控制程序-中间热泵站事故"
3	停电事故	(1) 同时接收到 6 kV 变电所上传的无电压信号和无电流信号; (2) P1～P4 对应的高压开关柜高压回路开关处于"开状态"(泵停运状态信号)	条件(1)、(2)同时具备时,延时 30 s(具体时间根据管道水力特性确认),执行"全线停输控制程序-中间热泵站事故"
4	停泵事故	输油主泵甩泵,P1～P4 同时处于停运状态(泵停运状态信号)	上述条件具备时,延时 60 s,如果启动停运泵或备用泵没有启动,则执行"全线停输控制程序-中间热泵站事故"
		输油主泵甩泵,P1～P4 有 2 台处于运行状态	上述条件具备时,全线降量,管线继续运行
5	ESD 阀门关断	(1) ESD 阀门离开全开位置,报警; (2) ESD 阀门开度小于 50%	条件(1)、(2)同时具备时,自动下达"全线停输控制程序-中间热泵事故"指令,全线紧急停输

注:表中所涉及持续＊＊s、延时＊＊s 等具体时间均需根据不同管道水力特性计算后确认。

参考文献

[1]　中国石油天然气集团公司标准化委员会天然气与管道专业标准化技术委员会.油气管道监控与数据采集系统通用技术规范:第 6 部分　人机画面:Q/SY 201.6—2015

［S］.北京:石油工业出版社,2015.

［2］　刘云忠,朱永辉,王志会.长距离输油管道中的水击保护设计[J].内蒙古石油化工,
　　　　2012(10):56-57.

［3］　袁运栋.输油管线水击超前保护与 ESD 系统的应用研究[D].西安:西安石油大学,
　　　　2010.

第 4 章

输油管道 SCADA 系统与信息化

目前国内外长输管道多采用"数据采集与监视控制"(supervisory control and data acquisition,SCADA)系统实现远程调控,它是基于计算机、通信和控制技术的生产过程控制与自动化监控系统,通常与可编程逻辑控制器(PLC)、RTU 及其他硬件设施进行通信连接,以实现对生产过程的集中监控功能。20 世纪 80 年代,我国在长输原油管道中引进和应用了 SCADA 技术,并先后应用在东黄复线、铁大线等管道。从 20 世纪末开始,国内长输管道进入大发展时期,设计并建成了阿独、西部、漠大、兰成、石兰、惠银等长输原油管道,这些管道均采用先进的 SCADA 系统。目前 SCADA 系统所具备的实时、历史数据查询等功能,为管道公司开展能耗检测、设备监控以及管道生产等生产辅助系统的开发提供了数据支撑。近年来,随着 SCADA 系统运行数据的积累,借助中间数据库提供的历史数据开展大数据挖掘,逐渐受到管道公司的重视,并陆续开展相关研究,为管道专家系统开发及未来智能化管道控制提供了技术支撑。

4.1 系统概述

长输管道距离长,设备多,工艺运行复杂,尤其密闭输送时上下游衔接难,运行指挥难度大。SCADA 系统的主要作用:① 充当底层系统的监控者;② 接受控制中心的控制;③ 从远程设备采集数据传送给控制中心。利用 SCADA 系统能够实现对现场设备的有效监控、数据的实时上传和工况的有效处置。

4.1.1 系统架构

SCADA 系统是一种可靠性高的分布式计算机控制系统,一般由设在管道控制中心的小型计算机或服务器通过数据传输系统对设在泵站、计量站或远控阀室的可编程逻辑控制器定期进行查询,连续采集各站的操作数据和状态信息,并向 PLC 发出操作和调整设定值的指令。中心计算机对整个管道系统进行统一监视、控制和调度管理。

各站控制系统的核心是可编程逻辑控制器。它们与现场传感器、变送器和执行器或泵机组、加热炉的工业控制计算机等连接,具有扫描信息预处理及监控等功能,并能在与中心计算机的通信中断时独立工作。

概括地说,通过 SCADA 系统,用户能够从一个或多个远程设备收集数据,并对这些设备发送一定的控制指令,这样在正常操作远程设备时,操作员就不必暂住或经常巡视偏远地区,如图 4-1 所示。

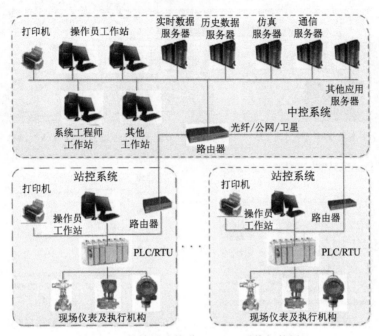

图 4-1　长输原油管道 SCADA 系统拓扑图

以国家管网油气调控中心为例,2006 年,其将所属的油气管道通过 SCADA 系统改造升级,统一集中管理。截至 2011 年底,已有 50 多条、4 万多千米的油气管道纳入其管理运行。国家管网油气调控中心设置了主、备控制中心,且建立了 11 套 SCADA 系统,分别用于原油、成品油和天然气管道的监控运行。其中心与站场之间以光通信为主、卫星通信为辅、公网通信为补充,实现对站场和阀室设备的数据采集与控制。该中心的建成使用,标志着 SCADA 系统在长输油气管道的应用日益成熟[1]。

4.1.2　系统分级

根据设备、人员所处的控制位置及功能,SCADA 系统控制分为三级:控制中心远程控制(中控)、站场控制室远程控制(站控)和就地手动控制[2]。

管理优先级顺序:中控—站控—就地控制。

功能优先级顺序:就地控制—站控—中控。

目前新建管道基本为控制中心远程控制,现场温度、流量、压力等设备参数及设备状态通过通信系统上传至中控,从而实现中控对参数的监视,以及对泵、阀门等设备的远程控制。

若中控与站控通信中断或中控发生意外事件(火灾、自然灾害、系统故障、恐怖袭击等),站控人员可主动获取控制权,将控制权由中控切换至站控级别。因功能不同,站控相比中控的数据多,除包括中控的数据之外,其还需包括对消防系统、供电及变配电系统、阴极保护系统等的数据采集和运行监控。

对于远控设备,若 SCADA 系统或通信系统发生故障,无法进行站控和中控,需站场人员就地控制。此外,安全因素、收发球等操作可由人员现场操作。中控操作和站控操作界面如图 4-2～图 4-5 所示。

图 4-2　长输原油管道中控操作画面

图 4-3　长输原油管道站控操作画面

图 4-4　报警系统示意图

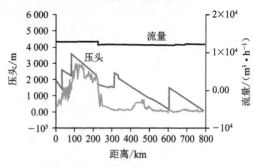

图 4-5　管线纵断面示意图

4.2　系统构成

长输管道所采用的 SCADA 系统一般由站控系统(包括 PLC 或 RTU)、中控系统、通信系统及应用软件组成。应用软件主要有泄漏检测软件、地理信息系统(GIS)软件、专家系统软件等。

4.2.1　中控系统

控制中心的主计算机是 SCADA 系统的核心,要求具有高可靠性,采用全冗余结构,热备运行状态。整个系统是一套具有集数据采集、逻辑控制、信息展示、数据存储等功能的软硬件系统。

中控系统一般位于调控中心,主要功能:接收站控系统上传的数据,包括压力、流量、温度、设备状态、限值设定;报警显示、管理及事件查询、历史数据归档管理等;设定控制及操作权限。上传的设备状态及参数数据以流程图、参数表、趋势图及报警信息展示在操作员工作站上,值班操作员利用 SCADA 系统人机界面(HMI,human machine interface)实现对现场泵、调节阀、阀门等设备的操作控制;根据报警信息、操作记录并结合趋势查询,实现工况的分析处置,最终实现中控对现场设备及整条管道的运行控制[3]。

1) 系统硬件

主站计算机系统硬件包括网络设备、实时服务器、历史服务器、磁盘阵列、操作员工作站、工程师工作站等,所有硬件设备通过交换机连接在一个局域网(LAN)环境,实现系统内部的数据交互和资源共享。中控系统一般包括如下内容。

(1) 网络设备:如路由器、防火墙和交换机等。中控设置路由设备和网络隔离设备,并借助通信系统将中控系统和站控系统构建在一个广域网,实现 SCADA 数据实时通信,同时避免非法入侵中控核心网络。

(2)实时服务器:主要运行实时数据库的服务器,实现 SCADA 系统数据的实时上传,是中控系统的核心。

(3)历史服务器:将实时服务器处理过的重要数据、报警信息、事件信息进行存储,以便数据查询。

(4)操作员工作站:安装 SCADA 系统软件,将中控需要的 SCADA 系统设备参数、状态以及相关报警信息通过 HMI 界面展示给操作员,同时接受操作员下发的操作命令,实现现场设备的远程控制。

(5)工程师工作站:供 SCADA 系统开发人员使用,负责系统的组态、画面制作和系统的各种维护。

中控系统中路由器、交换机、通信服务器、实时服务器和历史服务器等重要设备均采用双机热备冗余配置,当主计算机出现故障时,后备计算机可随时接替执行 SCADA 系统所有功能,提高整个系统的可靠性。对于简单的 SCADA 中控系统,也可以使用单机配置。

2)系统软件

SCADA 系统中控软件根据功能不同可分为三层:底层的操作系统、核心层的 SCADA 软件及上层的应用软件。

(1)操作系统。

计算机操作系统通常与计算机硬件相匹配,目前 SCADA 软件厂家选用的硬件平台通常为 SUN、IBM 等主要品牌,操作系统主要相应采用 UNIX、LINUX 和 WINDOWS 平台。因 UNIX 的稳定性和 LINUX 的开放性,SCADA 系统使用的较多。

(2)SCADA 软件。

SCADA 系统的核心部分是 SCADA 软件。近年来,原中国石油所建长输原油管道多采用 Telvent 公司的 OASyS,Cegelec 公司的 ViewStar 等。SCADA 软件是一个软件包,包括数据采集通信、实时数据库、人机接口、历史数据存储、WEB 应用等模块,是执行数据采集和监控功能的核心。

(3)应用软件。

基于 SCADA 系统的应用软件较多,很多应用软件为管道运行部门对 SCADA 历史数据的高级应用,如在线仿真、泄漏检测、批量跟踪、泵运行优化等软件多是由专业软件公司开发的。

4.2.2 站控系统

站控系统主要由站控制器(PLC 或 RTU)、站控计算机等设备组成。它是整个 SCADA系统逻辑控制的承载体,站内各种设备工艺参数采集、监视、控制、保护、状态变化等均由站控系统完成。除完成所在站场监控外,同时还负责将站内采集的数据信息上传至中控,并接受和执行中控下达的命令。

站控系统主要实现以下功能:

① 采集站内设备压力、温度、流量等参数信号;

② 控制主要工艺设备的运行状态;

③ 实现对电力设备、阴极保护、可燃气体、消防设备的监视与报警;

④ 紧急停车(ESD);

⑤ 逻辑控制与连锁保护;

⑥ 接受并执行调度控制中心下达的命令等。

站控系统的核心为可编程逻辑控制器,它是一种数字运算操作的电子系统,采用一类可编程的存储器,用于其内部存储程序、执行逻辑运算、顺序控制、定时、计数与算术操作等面向用户的指令,并通过数字或模拟式输入/输出控制各种类型的机械或生产过程。

1)系统硬件

(1)站内的局域网(LAN):支持网络上连接的所有设备的数据交换,应满足实时、多任务、多参数的要求,采用标准的、开放型局域网络结构,按冗余设置。

(2)安全仪表系统(SIS):负责各站与安全相关的过程控制和报警。SIS 系统采用相对独立的控制系统。

(3)PLC:主要由处理器 CPU(冗余配置)、I/O 模块、网络通信系统、电源、安装附件等构成。每个系统都能够单独完成其控制任务,使功能分开,危险分散;各系统以网络的形式连接起来。PLC 的处理器 CPU、I/O 网络、电源及 LAN 按冗余设备设计。

(4)操作员工作站:它是站控操作员的操作平台,操作员通过它可详细了解站内设备参数、运行状态,可主动获取控制权,但需经中控同意。

2)系统软件

(1)过程控制单元编程软件。

它能将组态软件完成的执行程序下载到过程控制单元,又能将过程控制单元的程序翻译成阶梯图或者功能块等,可对过程控制单元进行编程和组态,具有功能性强、使用灵活方便、界面友好等特点。

组态软件应具有多种编程语言,如阶梯图、功能块等;可调用多级子程序,具有逻辑运算、数学运算、字符串运算等功能;采用组态的方式即可完成对输入输出信号的配置,具有组态多个复杂控制系统的能力;具有多个 PID 运算模块和其他常用的功能块。

(2)HMI 组态软件。

HMI 是操作员与站控计算机工作站的对话窗口,它为有关人员提供各种信息,接受操作命令。HMI 组态软件应具有强大的图形编辑、显示功能,具有支持三维图形的编辑、显示能力,可调用标准简体中文字库,支持多窗口显示及动态画面显示。HMI 软件最少应具有通信管理、数据库管理、动态和静态画面编辑、文本编辑、在线帮助、实时趋势编辑显示、历史趋势编辑显示、报警管理、事件管理、报告管理、打印等功能模块。

HMI 组态软件还具有报警管理功能,即对所有报警信息进行管理,对报警内容进行分类显示、存储,同时可在需要时打印其有关的信息。

(3)操作员工作站。

操作员工作站多采用 Windows 操作系统,相比中控显示的数据更为详细,如阴极保护系统、电力系统、消防系统等数据一般上传至站控系统操作员工作站。

4.2.3 通信系统

SCADA系统现场设备数据信号经站控系统上传至中控,同时中控的操作命令下发,必须借助稳定、可靠的通信系统实现管道的远程监控。

1)SCADA通信系统

目前国内长输管道使用的主要通信系统包括光纤、卫星、公网数字电路等。以国家管网为例,目前建成了以光纤为核心,卫星和公网为辅助的长输管道通信系统,站场及RTU阀室数据传输速率均达到2 Mbps,为管道远程控制提供了高速可靠的传输通路。

2)SCADA通信协议

通信协议是指双方实体完成通信或服务所必须遵循的规则和约定。协议定义了数据单元使用的格式、信息单元应该包含的信息与含义、连接方式、信息发送和接收的时序,从而确保网络中数据顺利地传送到确定的地方。输油管道SCADA系统通信协议就像主站系统与站控系统之间会话的“语言”。站场与中控的输入/输出量中,主要是开关量和模拟量数据点,因模拟量数据点较大,扫描频率较低,所以多采用以太网TCP/IP网络的Modbus、CIP、IEC和OPC协议。

4.2.4 RTU系统

RTU系统主要应用于监控阀室,用于采集干线紧急截断阀的开/关状态、进出阀室的压力与温度、地温等参数,可实现中控远程开关阀门;参与水击保护程序,在异常关断时触发水击保护程序。

4.3 数据采集与应用

4.3.1 实时数据库

SCADA系统的数据库包含从通信系统数据采集来的动态数据,以及描述管道系统仪表、设备的配置数据和采集数据的历史归档。数据库应具有足够的灵活性,以储存两种类型的信息:动态信息(采集数据)和静态信息(配置)。在一些SCADA系统的运行中,要求将这两种类型的信息存储在不同的数据库中,但这样的设计需要对两个数据库进行非常有效的整合。SCADA系统静态信息和动态信息多用分级数据库形式进行组织。该数据库也称为实时数据库,是SCADA软件的核心部分。

1)数据库逻辑结构

管道设备、仪表的配置信息在SCADA软件未运行时以文件的形式存在硬盘中,当软件运行后,其配置信息将存入实时服务器内存中,可以在软件中读取和修改。采集的工艺数据也存入实时服务器的内存中,逻辑上以分级数据库的形式进行存储和处理。图4-6是数据库逻辑结构示意图。

2)实时数据库系统

实时数据库系统是对实时性要求高的时序型信息的数据库管理系统,它是在关系数据库的基础上,研究实时事务、实时并发控制和实时任务调度的数据库,它是实时技术和数据库技术相结合的产物,涉及实时数据模型、实时事务调度与资源分配策略、实时数据查

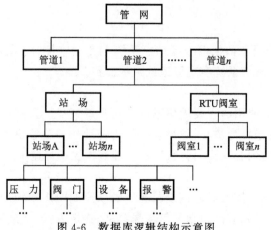

图 4-6　数据库逻辑结构示意图

询语言、实时数据通信等许多问题。实时数据库中的事务不仅要满足一致性约束的要求，还要满足时间约束的要求[3]。实时数据库的主要功能包括：

（1）管理中心服务，负责管理各个核心服务的配置信息、各个服务的启动/停止，并监控各个服务的状态。

（2）数据配置与管理服务，负责管理实时数据库中的所有数据点信息。数据点是实时数据库的基础，通过数据配置与管理服务，相关人员可以创建、维护和查询数据点信息。

（3）实时服务，负责实时接收各个数据点的数据，并将这些数据在需要时提交给历史服务进行存储。实时服务直接影响实时数据库所能承载的数据点的数量，是实时数据库最核心的服务之一。

（4）数据归档抽取服务，主要功能包括将实时数据写入并存储到历史数据库中，在需要时根据时间和范围点名检索历史数据。

（5）计算服务，负责对实时数据进行计算，对新旧数据进行比较，并通过预设的各类算法，对实时数据进行挖掘、处理、分析，将结果显示给操作员，为控制提供更有意义的数据。

（6）告警服务，负责在整个运行周期中全程监控实时数据的变化，并根据设置的告警规则产生告警信息，按时间、分类、级别提示操作员应注意的事项和采取的控制措施。

（7）时间管理服务，负责触发和管理计划调度程序，如周期性地打印报表、发布命令、归档计算等。

（8）事件管理服务，当数据或条件变化时，通过事件管理服务触发其他相关程序动作，如末站压力增加 0.3 MPa 后，事件管理服务触发告警服务，将警告信息发布到操作员工作站，通知调度人员注意。

4.3.2　中间数据库

随着管道运行公司对长输原油管道有效管理的加强，以及管道运行数据的积累，SCADA系统的高级应用不断增加，此时对 SCADA 系统内部数据直接获取势必会加重 SCADA 服务器运行负荷，同时也给系统的安全带来了极大的风险。随着技术进步，可利用大数据进行运行分析、生产管理以及相关高级应用系统的开发，实现生产数据二次挖掘、分析，实现管理创新，达到以信息化手段提高生产运行调度实时监管水平的目的。实现安全生产、优化运行是未来调控运行的趋势。此外，在 SCADA 系统上的直接访问应用，不仅增加 SCADA 系统运行负荷,还会带来网络病毒或木马病毒攻击的风险,严重时可导致管道系统瘫痪。为了保证管道 SCADA 系统的安全性和稳定性,管道运行公司一般通过建立中间数据库平台系统,通过该 SCADA 系统实时把数据存储到中间数据库,业务管理和调控分析软件只需访问中间数据库的相关数据,即可实现数据查询和分析[4]。中间数据库架构如图 4-7 所示。

图 4-7　中间数据库架构示意图

中间数据库的建立弥补了以往 SCADA 系统在历史数据管理方面的不足。采用大型实时数据库,不但可以在线存储所有数据点多年的数据,而且提供针对插值统计等查询的功能,大大方便历史数据的使用;另一方面,在业务管理和实时生产之间起到桥梁作用。上层高级应用,如事故追溯、工艺分析、能耗分析、ERP、GIS 系统等,可以通过历史数据中心获取分析所需的数据,不需要直接访问生产系统,起到很好的物理隔离作用,同时可确保 SCADA 系统控制的安全性,最大限度地降低中间数据库对实时控制的影响,保证管道 SCADA系统的稳定性。

4.3.3　辅助系统

管道辅助系统主要是指依托管道实时数据进行生产应用的系统,包括专家系统、批次界面系统、泄漏监测系统等。通过辅助系统可实现工况的有效监控,减少操作员的工作压力。例如,目前国内学者进行研究的专家系统,融合了资深操作员的运行经验,通过工况特征提取,结合实时数据的应用,实现了工况的有效监控,减少了操作人员由于工作状态、个人运行经验等原因导致的异常工况无法及时发现并处置而导致的次生事故概率。辅助系统的开发是未来智能化管道实施的基础,将批次界面系统、专家系统及泄漏系统有效融合,可逐渐提升对工况判断的准确率,逐步实现工况的有效智能、工况告警识别,自动处置,减少操作员工作量。

4.4　管道专家系统研究

随着国内管道业务的大发展,管道由单线运行逐渐成网、成系统。原中国石油管道企业在技术上通过与国外管道公司对标,逐步提高管网调控运行水平,完善 SCADA 系统建设与开发,实现 SCADA 系统报警分级管理等功能,从报警分级、显示架构、信息描述、报警声音、报警画面等方面进行优化,提高调控人员对报警事件的快速分析能力;同时,对管道运行历史数据开展大数据挖掘,并开发运行及分析相关应用系统。但对于异常工况导致的压力、流量等参数的实时分析尚处于初级探究阶段,未形成一套基于实时数据的压力异常告警及专家分析系统。近年来,随着《中华人民共和国安全生产法》《中华人民共和国环境保护法》的发布与实施,以及对管道安全生产要求的日益严苛,开发基于 SCADA 系统实时数据的压力异常告警及专家分析系统,辅助调控人员决策与控制,减少人为误判,提升管控水平,降低安全风险,是国内各大管道公司调控运行技术发展的主要趋势。

管道专家系统是在 SCADA 系统实时数据、历史数据和报警信息,以及专业人员日常调控经验的基础上建立的。该系统的研究开发需要专业技术人员、系统开发人员以及科研人员三方共同合作。目前,中国石油大学(华东)李传宪教授课题组通过对 SCADA 系统运行及数据特点进行研究,实现压力异常捕捉,采用定性分析与定量计算相结合的方法研究典型工况对站内压力、流量等参数的影响规律。以此为依据,根据典型工况产生机理将其归纳为动力骤变型、调阀堵塞型、泄漏分输型等三大类型[5],见表 4-1。

该课题组根据管道沿线站场的不同,建立了典型站场存在的工况压力、流量变化趋势。

表 4-1　管道异常工况分类

序　号	类　型	内　容
1	动力骤变型	停泵工况
2		启泵工况
3		不同密度油品入泵
4	调阀堵塞型	关阀工况
5		过滤器堵塞
6		调节阀调节
7	泄漏分输型	干线泄漏
8		支路流量计开闭
9		分输与注入

4.4.1　站场压力异常波动规律

根据 2.1 管道输送工艺,结合管道异常工况导致的站场进出站压力、流量变化趋势,对工况进行分类,具体详见表 4-2～表 4-4。

表 4-2 典型首站出站压力、流量变化趋势及原因分析

$p_{out}\downarrow$、$Q_{out}\uparrow$	$p_{out}\uparrow$、$Q_{out}\uparrow$	$p_{out}\downarrow$、$Q_{out}\downarrow$	$p_{out}\uparrow$、$Q_{out}\downarrow$
下游管道 泄漏工况	启泵工况 调节阀开大 密度大油品进站 调节阀旁通阀门开(有节流压力) 罐区切罐工况(低切高罐位)	正常停泵 故障停泵 调节阀关小 调节阀故障(关) 密度小油品进站 出站区阀门关断 罐区阀门关断 泄压阀动作 罐区切罐工况(高切低罐位)	下游站场 工况

注：p_{in}—进站压力，p_{out}—出站压力，Q_{in}—进站流量，Q_{out}—出站流量。

为便于智能识别的实现，把压力、流量的变化趋势两两组合进行分析，则该站外输流程的典型工况可归纳为四组类型，见表4-2。出站压力降低且出站流量升高只可能对应下游管道疑似泄漏这一紧急工况；出站压力和流量均升高主要对应输油主泵启动、调节阀开度增加、密度大油品进站、调节阀旁通阀门开和罐区切罐等正常工况；出站压力和出站流量均降低既对应输油主泵正常停泵、调节阀开度减小、密度小油品进站、罐区切罐等正常工况，也对应输油主泵故障停泵、调节阀故障(关)、出站区阀门关断、泄压阀误动作和罐区阀门关断等异常工况；首站出站压力升高、出站流量降低可能对应的工况为下游站场或阀室的关阀、降量等操作，均不由本输油首站最先产生。

表 4-3 典型中间泵站进出站压力、流量变化趋势及原因分析

$p_{in}\downarrow$、$p_{out}\downarrow$ $Q\uparrow/Q\downarrow$	$p_{in}\uparrow$、$p_{out}\downarrow$ $Q\downarrow$	$p_{in}\downarrow$、$p_{out}\uparrow$ $Q\uparrow$	$p_{in}\uparrow$、$p_{out}\uparrow$ $Q\uparrow/Q\downarrow$
上游管道泄漏	正常停泵 故障停泵 调节阀关小	启泵 调节阀开大 调节阀旁通阀门开	上/下游站场 工况
下游管道泄漏	调节阀故障(关) 密度小油品进站 进站区阀门关断	过滤器旁通阀门开	
泄压阀动作	出站区阀门关断 调节阀区关闭 过滤器区关闭		

对中间泵站(表4-3)来说，导致进出站压力均降低的工况包括上游管道泄漏、下游管道泄漏和泄压阀动作等。其中上游管道泄漏导致进站流量降低，下游管道泄漏导致出站流量升高；泄压阀动作对进出站压力、流量的影响可近似为站内泄漏工况，则进出站压力均降低、进站流量升高、出站流量降低。导致进站压力降低、出站压力升高且流量升高的工况主要是输油主泵启动、调节阀开度增大、调节阀旁通阀门开、过滤器旁通阀门开等正常工况。导致进站压力升高、出站压力降低且流量降低的情况，既包括输油主泵停泵、调节阀开度减小、密度小油品进站等正常工况，也包括输油主泵故障停泵、调节阀故障(关)、进站区阀门关断、出站区阀门关断、调节阀区关闭、过滤器区关闭等异常工况。导致进、出

站压力均升高的可能工况为上游增量或下游降量等操作,均不由本中间泵站最先产生。

表 4-4　典型末站进站压力、流量变化趋势及原因分析

p_{in}↓、Q_{in}↓	p_{in}↑、Q_{in}↓	p_{in}↓、Q_{in}↑	p_{in}↑、Q_{in}↑
上游管道泄漏	停用计量区流量计 库区阀门关断 消气器关闭 进站区阀门关断	投用计量区流量计 消气器旁通阀门打开 罐区切罐	上游站场 工况

对末站(表 4-4)来说,末站进站压力和流量均降低对应上游管道疑似泄漏这一紧急工况;进站压力降低且进站流量升高主要对应投用计量区流量计、消气器旁通阀门打开和罐区切罐等正常工况;进站压力升高、进站流量降低既对应停用计量区流量计这一正常工况,也对应库区阀门关断、消气器关闭、进站区阀门关断等异常工况;进站压力、流量均升高可能对应上游站场的增量操作。

4.4.2　智能判断的实现策略

按照进出站压力、流量的变化趋势将每个典型站场的典型工况归纳梳理为四类组合,但每组中仍含有多个工况未获得进一步区分而给智能识别带来不便。伴随着自控技术的不断发展,可对分组中工况进行进一步划分,并借助 SCADA 系统的记录、报警等功能及其监控的其他输送参数进行辅助分析。通过研究提出基于模块融合的方法,进一步实现常规压力异常波动信号的智能识别,即在对某一未知的管输压力异常波动信号进行分析时,按照 SCADA 系统的反馈信息,分别进入相应的三个模块进行分析判断,即报警分析模块、事件提取模块和知识规则模块,其逻辑框图如图 4-8 所示。

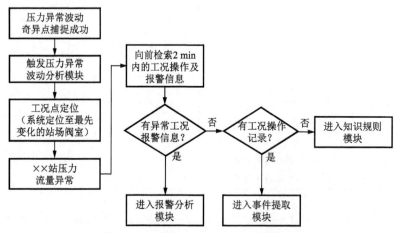

图 4-8　常规压力信号智能识别逻辑框图

报警分析模块主要依托 SCADA 系统的报警功能设置。若有故障报警(如输油泵故障)或阀门(如实现远控的进站阀、出站阀、泄压阀、调节阀旁通、过滤器旁通等)的开闭报警,则进入报警分析模块进行初步判断,再结合该工况对应的压力、流量的理论变化趋势进行验证后给出最终结论。

事件提取模块主要依托 SCADA 系统的状态值记录功能设置,即若有泵的 0、1 状态变化或调节阀阀位值的变化,则进入事件提取模块进行初步判断,再结合该工况对应的压力、流量的理论变化趋势经验证后给出最终结论。

知识规则模块直接以上一小节对典型站场压力、流量两两组合的结果为依据,基于压力、流量联合判断法进行功能设置。按照 SCADA 系统检测到的进、出站压力,进、出站流量,输油泵出、入口压力,进、出泵差压,主泵出口汇管压力,过滤器差压,出站压力与主泵出口汇管差压等一系列参数,进行便于计算机编码控制的二进制逻辑判断。

基于报警分析、事件提取和知识规则的方法为智能识别典型工况产生的常规压力异常波动信号提供了可能,基于该模块融合方法建立上述三个典型站场的模型框图,经二进逻辑编码后即可实现管道常规压力异常波动信号的智能识别。

此外,李传宪教授课题组采用基于信号处理和计算智能的方法进行智能判断,并在研究过程中提出建立输油管道压力异常波动最优特征向量数据库和最优三维特征库模型的构想,即针对输油管道生产运行中发生的工况事件,尤其是调度员易混淆误判的复杂压力异常波动事件,建立基于最优特征向量或基于最优三维特征库的预测模型,如图 4-9、图 4-10所示。

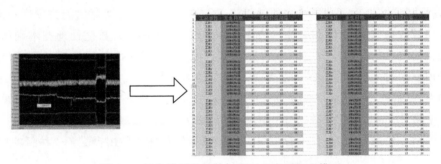

图 4-9 最优特征向量数据库工业应用概念模型

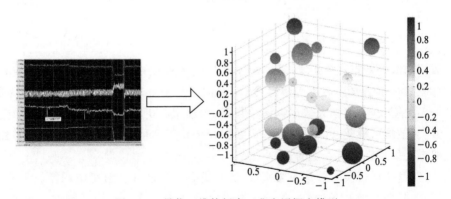

图 4-10 最优三维特征库工业应用概念模型

工业应用的预期流程如图 4-11 所示,即 SCADA 系统采集到的实时压力异常波动数据经过信号分析处理和特征提取整合后作为测试集,而数据库中储存的经简化后的海量历史数据(特征向量或三维数据点)则作为训练集,二者结合后建立神经网络、支持向量机等具有机器学习功能的算法模型进行工况预测。反馈结果的正确性可由操作员联系上下游站场工作人员进行确认。以最优三维特征库为例,若预测正确,则将测试集保存并导入特征库中,相应工况的聚类中心得到微调而具有更好的代表性;若预测错误,则做进一步的人工排查。经排查,若为特征库中未存有数据点的新工况类别,则进行添加;若最终仍不能找到具体诱因,则注意其对管道上下游的影响,以之定义该工况的危险性等级,然后导入特征库,为今后出现同样情况时的处置提供参考。

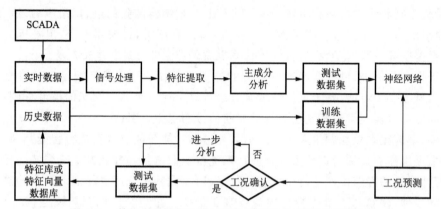

图 4-11 特征向量数据库和三维特征库工业应用的预期流程

值得注意的是,由于我国许多原油管道 SCADA 系统的数据存储能力仅在小时量级,这就意味着数据资源的大量浪费。如构建一个基于小波技术、数据处理技术和机器学习技术的特征向量的数据库或空间点的三维特征库,则管道压力异常波动的海量历史数据在不增添一个庞大昂贵的中间数据库的前提下即可在某种程度上得到保存;同时由 10 000 个采样点构成的 1 个压力异常波动信号被映射为经主成分分析后的最优特征向量数据库中的 1 个简单向量或最优三维特征库中的 1 个具有时域、频域和能量三维坐标的空间点,极大地降低了信息冗余,为长输管道海量历史数据的存储与利用提供了一种新的思路。

4.5 大数据与智能控制

4.5.1 大数据技术应用

大数据与海量数据在概念上并不完全相同,虽然两者的共同点都是数据量庞大,但大数据概念侧重于事物属性描述的多样化,海量数据则侧重于数据数量的庞大。大数据技术中的许多关键技术,诸如大数据存储及管理、大数据分析及挖掘、大数据展现和应用(大数据检索、大数据可视化、大数据应用、大数据安全)等,均可以应用到海量数据的处理上,为海量数据的处理提供技术上的支持[6]。

当前,在管道运行实时数据应用领域,随着我国长输油气管道集中调控业务的深入开展,以及管道同期开展的 SCADA 系统建设,目前已采集了数十万点的管道运行实时数据,并搭建了涵盖该类数据的统一数据平台,为油气管道的生产管理(管理报表统计)、管道运行状态综合监视、管道计量与能耗统计分析等多项业务应用提供了数据支持。

虽然目前已实现采集的油气管道实时数据体量庞大,但从本质上讲仍然属于海量数据的范畴而不属于大数据。同时,目前对这些数据的应用还仅限于功能实现的基础层面。如何将大数据技术中的整合、统计以及分析技术应用于管道运行实时数据上,实现对这些海量数据的优化存储、快速检索以及数据综合应用,从而提升质量管理体系,实现设计优化及生产系统设备维护优化,同时利用大数据预测隐性问题,实现管道 SCADA 系统的自省性,进而推动长输原油管道的智能化控制[7],是管道实时数据应用的未来发展方向。

进入 21 世纪以来,大数据的应用在各行各业发展迅速,尤其互联网企业将大数据分析应用于社交网络、医疗、商业等方面,降低了生活成本,提升了生活品质[8]。大数据俨然成为劳动力和资本之外的第三生产力。在工业领域,通过业务数据的分析应用,不仅能提升设备运行的安全性和可靠性,还可实现对设备工况的有效监控,提升日常管理水平和事件工况的应急处置能力[9]。作为国家经济发展动脉的长输原油、成品油及天然气管道,近年来多采用 SCADA 系统进行远程控制,日常运行中产生大量的压力、流量等实时数据,运行人员通过对这些参数的采集分析与控制,结合设备状态变化实现管道监控。随着长输管道自控通信技术的发展,以及运行人员业务能力的提升,结合 SCADA 系统实时数据及历史数据的应用,管道的智能化控制逐渐被运行部门重视,并着手开展相关研究[10-12]。

管道的智能化控制通过对参数及设备的自动监测、调节和保护,提升管道安全优化运行水平,实时捕捉判断异常工况,辅助运行人员日常工作,提高工作及决策效率,最终实现无人化控制。管道智能化控制包括数字信息化、理论化、智能化三个步骤。图 4-12 给出了智能化管道系统框架[13]。近年来,通过长输管道 SCADA 系统的推广使用,逐步建立了比较完善的数据采集、存储及使用系统,管道数字化基本实现。下一步需根据未来业务需求,对数据进行挖掘分析,建立适合智能化控制需要的数学模型,并根据实际运行不断迭代、修正、调整模型,提升模型的适用性和准确性,为智能化控制奠定理论基础。

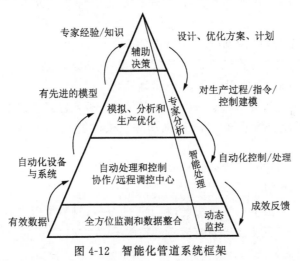

图 4-12　智能化管道系统框架

1)大数据研究特点

长输管道具有数据量较大、实时性要求高、同一工况受多参数影响、模型维度高等特点。理论研究可以采用传统研究方法及大数据研究方法两种,其各自特点如图 4-13 所示[14]。

传统研究方法物理概念清晰,已形成了系统方法论,对于长输管道特定的目标参数工况有直观的理论体系。例如加热输送的原油管道,多使用苏霍夫计算公式[15]实现对下游油温的计算预测,但因其所受影响因素较多,如沿程地温的变化、流量的调整、加热炉启停对总传热系数 K 的影响等,需要通过仿真模型不断修正参数提升油温预测的准确性,若工况条件发生变化则需重新调整参数。由此可见,传统公式对于管道动态运行参数预测的适应性较差,其主要局限性为:模型构建过程中需要对参数进行理想假设和简化,影响计

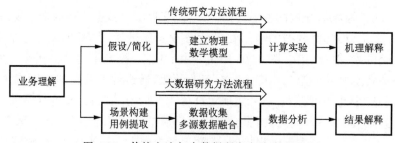

图 4-13　传统方法与大数据研究方法流程对比

算误差;实际应用过程中因影响参数的变化,导致模型适用性差;分析较片面、局部,难以反映宏观的时空关联特性。

智能化管道控制过程中实时数据的处置、工况捕捉及判断,具有数据量较大,实时性强,同一参数、工况受多条件影响,建立模型维度较多等难点。结合近年来各个行业智能化推广经验,可采用大数据分析方法,根据业务需求研究建立数学模型,实现工况辅助判断。大数据方法不依赖于机理,可将历史和实时数据综合分析,得到多维度宏观的时空关联特性。通过采用不同算法,根据预测结果进行调参优化,提升预测结果的准确性和适应性。

大数据方法与传统方法并不矛盾。研究过程中,大数据方法通过使用传统方法的参数建立时空关联特性,提升研究效率,同时进一步完善科学研究体系,推动研究方法的发展。

大数据推动管道智能化控制的四个方向如下:

(1)根据业务需要对生产数据进行分析、建模,实现对管道摩阻、油温、设备运行管理等长周期数据的有效监控,实现优化运行、节能降耗。

(2)利用大数据先进算法将运行人员对工况的分析处置经验模型化,开发完成事件工况的捕捉、分析与处置分析系统,并最终推动智能化控制,如对泄漏等工况实现自我判断处置等。

(3)从数据中挖掘运行过程的隐性问题,通过对隐性问题进行趋势分析,在其成为风险隐患之前提前将其解决。

(4)根据以上三个方向内容的实现,利用反向分析,对整个生产系统进行剖析建模,从设计及 SCADA 系统构建上提升管道运行管理水平。

2)大数据研究的方法

数据分析是大数据研究的核心,数据集成和清洗是数据分析的基础,大数据的价值产生于数据分析。由于长输管道运行过程中产生大量的实时数据,具有复杂多样、变化快等特点,同时管道智能化控制需要对事件工况、报警信息等数据进行多维度、多时域频域分析,所以可通过分析获得的理论研究方法多已不再适用,当前需采用新的技术架构、数据分析方法实现目标任务。管道大数据分析挖掘常用的方法包括统计分析方法、数据挖掘方法、机器学习方法等。管道大数据应用架构图详见图 4-14。

(1)统计分析方法。

统计分析方法主要是对日常运行历史数据进行整理、分析、描述等,对当前数据进行归纳,以获得工况参数潜在的本质。长输管道利用统计方法可发现其运行规律,以进行运行调整。某高含蜡原油管道地温、全线温降数据趋势如图 4-15、图 4-16 所示。

图 4-14 智能化管道大数据应用架构图

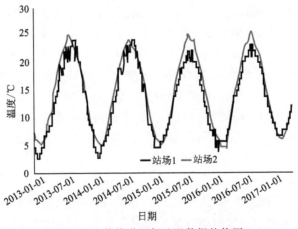

图 4-15 某管道历年地温数据趋势图

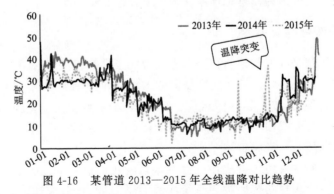

图 4-16 某管道 2013—2015 年全线温降对比趋势

由图 4-15 可知,该管道两个站场地温趋势基本符合正弦分布,同时可获得每年的最高及最低温度时期。对此,运行时可以建立不同流量台阶。以 10 月份为例,地温处于下降时期,运行时建议上旬输量较小,随着地温降低,输量增大,通过输量的调整减小地温导致的油温变化和摩阻增加,实现节能降耗。通过对比以往温降数据,调整全线启炉站场及加热炉负荷,既可保证管道安全运行,又可根据以往经验结合管道实际参数进行工况调整,实现节能降耗;另外,可获得管道加热炉调整数据,如在图 4-16 中,由温降突变点可判断出该时期管道因清管或热洗需要,站场启炉提升全线油温,导致全线温降增大。

(2)数据挖掘方法。

传统的数据挖掘是在大型数据存储库中自动发现有用的信息,其方法主要有分类分析、回归分析、关联分析、聚类分析、异常检测和汇总等 6 种。近年来神经网络和遗传算法、分类决策树算法(C4.5)、K 均值(K-means)聚类算法、支持向量机算法(SVM)等算法已应用于不同领域的数据挖掘中[16]。

长输管道智能化控制主要有两方面需求:一是参数调整对下游数据的影响;二是异常工况识别判断与处置。以热油管道上游油温调整下游油温预测为例,可考虑使用神经网络遗传算法或支持向量机算法,通过对大量历史样本数据的自学习,实现对下游油温的预测。对于智能化控制中异常工况的实时捕捉、判断与分析,可考虑采用分类决策树等算法,通过建立工况发生后上下游关键参数的变化趋势、幅度,结合事件报警信息,实现工况的捕捉和判断。

(3)机器学习方法。

未来管道智能化控制目标应该是提升管道控制水平,减少或避免人为操作导致的事件工况,并最终实现无人自动控制。采用机器学习法是实现智能化控制的有效途径。机器学习涉及概率论、统计学、逼近论、计算复杂性理论等多门学科。机器学习算法是一类从数据中自动分析获得规律,并利用规律对未知数据进行预测的算法。它大体上可分为监督学习、无监督学习、半监督学习和增强学习等几类。其中,监督学习是从给定的样本数据中学习获得相关函数,当新的数据产生后,根据相关函数预测结果。监督学习的样本数据要求包括输入和输出数据,也可以说是特征和目标数据。下游油温预测使用的神经网络算法是监督学习的一部分。

随着管道数据规模的增大,应用过程中对机器学习的可扩展性、鲁棒性提出了更高的要求。为从大数据中获得更准确、更深层次的知识,需要提升分析挖掘系统对数据的认知计算能力,采用人工智能方法使分析挖掘系统具备对数据的理解、推理、发现和决策能力,最终建立一套智能化管道控制理论体系。

4.5.2　管道智能化控制

管道智能化控制是在控制论、信息论、人工智能及计算机科学发展的基础上逐渐形成的一类高级信息与控制技术。基于大数据研究的智能化控制突破了传统控制理论中必须基于数学模型的框架,其按实际目标结果进行控制,不依赖于控制对象的数学模型,先进的数学算法使其具备非线性的人类思维特征,未来可具备在线辨识、决策、总体自寻优能力,以及分层信息处理、决策的功能[17,18]。

管道智能化控制主要用来解决传统控制难以解决的高度非线性、强不确定性复杂系统的控制问题。一个理想的智能控制系统应具有学习能力、适应功能、组织功能、在线实时响应能力和友好的人机界面,保证人机互助和人机协同工作。其特点可概况为以下两点[19]:

（1）具有人的控制策略,对复杂工况的控制对象可实现全线有效的识别分析控制;具有较强的容错能力,能总体自寻优;具有自适应、自组织、自学习和自协调能力。

（2）具有补偿及自修复能力,具有判断决策能力,体现了"智能递增,精度递降"的一般组织结构的基本原理,并具有高度的可靠性。

目前国内外在大数据应用方面基本处于起步阶段,而管道智能化控制多处于概念性阶段,还未开展相关实质性工作。结合其他行业发展,基于大数据研究实现管道智能化控制可行性较大,但在研究和实施过程中面临较多挑战,主要有以下几点:

（1）大数据研究理论还未形成一套完整的体系,实际应用多由数据分析人员根据自身水平进行模型搭建和调参,降低了未来模型的适用性。

（2）优质数据获取困难。一方面,数据本身获取困难,同时考虑到长输管道等能源数据的敏感性和安全性,数据准备过程比较困难;另一方面,鉴于智能化管道需对实时数据进行研究,SCADA系统数据时效性及质量难以保证。此外,上传至中控的数据多经过去噪处理,对工况的判断和捕捉影响还有待进一步研究。

（3）涉及学科范围广,技术复杂程度高。管道智能化控制需要经验丰富的运行人员、数据分析人员和系统开发人员,且在业务交流过程中一方应对其余两方业务知识有所了解,从而减少沟通障碍,目前还未建立相关的人才队伍。

参考文献

[1] 黄泽俊,虞南正,尹旭东. 石油天然气管道 SCADA 系统技术[M]. 北京:石油工业出版社,2013.

[2] 《油气管道实时数据管理与应用技术》编委会. 油气管道实时数据管理与应用技术[M]. 北京:石油工业出版社,2016.

[3] 李官政. 管道实时监控系统实时数据库研究[D]. 北京:中国石油大学(北京),2010.

[4] 吕峰. 基于 SCADA 系统的中间数据库平台的研究与实现[D]. 北京:中国石油大学(北京),2010.

[5] 王国涛,姬中元,李传宪,等. 基于模糊故障树的输油管道压力异常波动分析[J]. 石油化工高等学校学报,2017,30(2):60-70.

[6] 解自国,颜礼松,严仕新. 物联网技术应用前景分析[J]. 电子工业专用设备,2012(1):8-11,41.

[7] 李杰,倪军,王安正. 从大数据到只能制造[M]. 上海:上海交通大学出版社,2016.

[8] 吴军. 智能时代[M]. 北京:中信出版社,2016.

[9] 李杰,倪军,王安正. 从大数据到智能制造[M]. 上海:上海交通大学出版社,2016.

[10] 唐大为,朱静. 智能化管道数据采集系统设计思路初探[J]. 价值工程,2015(5):220-222.

[11] 徐善丹. 关于智能化与数字化长输管道的探讨[J]. 广东化工,2015,41(11):121-122.

[12] 于达,熊毅,朱婷婷,等. 输油气管道智能化事故应急体系建设[J]. 油气储运,2015,34(10):1038-1042.

［13］　谭伟业. 浅谈管道数字化与智能化［J］. 中国管理信息化，2014，17（18）：45-48.

［14］　周志华. 机器学习［M］. 北京：清华大学出版社，2016.

［15］　杨筱蘅. 输油管道设计与管理［M］. 东营：中国石油大学出版社，2006.

［16］　王继业. 智能电网大数据［M］. 北京：中国电力出版社，2017.

［17］　张钟俊，蔡自兴. 智能控制与智能控制系统［J］. 信息与控制，1989（5）：30-39.

［18］　Han J W，KAMBER M，PEI J. 数据挖掘概念与技术［M］. 北京：机械工业出版社，2015.

［19］　杨静. 国内外智能化控制系统发展态势的研究［J］. 装备机械，2016（1）：59-64.

第 5 章

输油管道相关技术

5.1 管道仿真技术

伴随石油行业的发展,现代管道工业在连续化、大型化、管网化及输送介质多样化的道路上不断进步,管道输送工况日趋复杂。为使管道保持安全、经济运行,必须在各个环节都深入掌握其运行变化规律。描述管道动态工况变化需要考虑的因素有许多,所涉及的数学方程也非常复杂。为精确得到工况改变时各参数的变化趋势,并及时做出安全可靠的控制决策,就需要借助管道仿真技术。管道模拟仿真技术由于能再现管道内油品的流动规律,流量、压力分布情况以及随时间的变化趋势,成为管道设计及管理的有效工具,为管道工业带来巨大效益。

5.1.1 仿真原理

管道仿真可以理解为通过计算机仿真技术对管道在多种运行环境下的水力、热力工况进行模拟,以此推测其在实际条件下的运行状态,为管道的前期设计和实际投产后的运行操作提供参考[1]。检验管道仿真软件准确度的重点是该软件内部使用的管道物理模型能否正确反映现实工况。

5.1.1.1 静态仿真和动态仿真

管道内的流体流动状态分为稳定流动和不稳定流动两种类型[2]。当管道内任意点的流速或压力不随时间而改变时,这种流动状态称为稳定流动;若流速和压力随时间变化不能保持恒定,则称为不稳定流动,也即瞬变流动。因此,对管道运行中的工况进行仿真模拟,也可分为针对稳定流动进行的静态仿真以及对非稳定流动进行的动态仿真。虽然两者的研究对象不一致,但两者是互相联系,互为补充的。

静态仿真是对管道的稳定工况做出精确描述,而且静态仿真过程一般都能很快得出运行结果的各种参数。例如,管道沿线运行压力值、管道某节点处的计算流量值、站场设备的运行参数等,这些数据对管道稳定运行具有极其重要的意义,因为这些数据一方面可以为稳定运行工况下的管道提供完整、重要的设计与运行数据,另一方面可以为动态仿真提供借鉴预案,以便修改校正,且可将静态仿真的模拟结果作为工况初始值,供动态仿真计算使用,节省动态仿真模拟时间。

动态仿真的重要性不容忽视。当管线发生异常工况变化时,动态仿真可以准确预测全线沿程各参数的变化,以此来制订处理各种事故的应急方案。当异常工况发生时,如管线的意外泄漏及堵塞、异常停泵、阀门关闭、调节阀故障、异常切罐等,管线沿程的压力和输量都会发生改变,这些改变后的参数能否让管线继续保持安全运行,或输油计划是否仍能按时完成等这些问题,都需要对工况变化过程有准确的了解,并精确计算每个参数值,才能制订相应的应急方案和处理方式。

稳定流动属于管道流态中的一种特殊形态。稳定流动模型在计算中被广泛应用于管道充装量及管道流量的估算,其中连续稳态模型也被用于跟踪管道中油品的运动状态。对于管道稳定运行的状态,其过程相对清晰,稳态仿真理论已经较为完整。在实际生产中,瞬变流动过程才是普遍存在的,并且当发生异常工况时,管内流体呈现的不稳定流动状态(水力瞬变过程)复杂且影响因素众多。因此,动态模拟仿真理论和模型才是仿真研究的重点。近年来虽然人们对瞬变流的研究逐步深入,但研究成果还不够完善,其对流动规律的数学描述仍处在初级阶段。

5.1.1.2 数学模型

描述液体管道瞬时流动状态的模型大致可由下述运动方程、连续性方程和能量方程构成。

运动方程:

$$v \frac{\partial v}{\partial x} + \frac{\partial v}{\partial t} + \frac{1}{\rho} \frac{\partial p}{\partial x} + g \sin \theta + \frac{\lambda}{2D} v |v| = 0 \tag{5-1}$$

连续性方程:

$$\frac{1}{\rho a^2} \left(v \frac{\partial p}{\partial x} + \frac{\partial p}{\partial t} \right) + \frac{\partial v}{\partial x} = 0 \tag{5-2}$$

能量方程:

$$\rho \frac{d(cT)}{dt} = \frac{p}{a^2 \rho} \frac{dp}{dt} + \rho \frac{\lambda |v^3|}{2D} - \frac{4K}{D}(T - T_0) \tag{5-3}$$

式中　v——油品流速,m/s;

　　　x——距离,m;

　　　t——时间,s;

　　　ρ——油品密度,kg/m³;

　　　p——管内某处绝对压强,Pa;

　　　g——重力加速度,m/s²;

　　　θ——管道倾角,(°);

　　　λ——水力摩阻系数;

　　　D——管道内径,m;

　　　a——波速,m/s;

　　　c——油品比热容,J/(kg·℃);

　　　T——油品温度,℃;

　　　K——热油管道总传热系数,W/(m²·℃);

　　　T_0——平均地温,℃。

运动方程的研究对象为管道运行中处于瞬变流态的流体单元,以此单元体为基础建立牛顿定律方程。应用牛顿第二定律对隔离单元体进行受力分析,同时采用达西公式计算摩阻,最后得到运动方程。

连续性方程的研究对象为相对于时间变化的流体单元质量,即在某一时间点进入单元流体与离开单元流体的净质量改变值。在隔离单元体的基础上应用质量守恒定律,最后得到连续性方程。

能量方程的研究对象为管壁外界环境与管道内流体间的热交换情况。管道水力特性与换热情况在很大程度上受摩擦生热的影响,这就是能量守恒方程所主要描述的。采用的传热模型是否符合当前的研究环境,决定了管道仿真模型传热过程计算结果的精确与否。一个精确的管道仿真热力模型包括等温模型、全热力模型、连续稳态模型、假稳态热力模型和"蛙跳式"瞬变热力模型等。在计算管道模型传热过程中,应依据具体研究情况,选用与实际工况最符合的传热模型,来保证仿真模拟的准确度。

5.1.1.3　初始及边界条件

在仿真模型的求解运算过程中,初始时刻的管道沿程参数和管道各边界上的原始数据都是必需的,即初始条件和边界条件是求解整条运行管线不同时间点沿程各节点参数的必要条件。

1) 初始条件

解差分方程是求管道内流体模型的常用方法,而求解差分方程所必需的就是初始时刻($t=0$)条件下的方程域内各参数数据。因此,管道模型的初始条件即 0 时刻管线的沿程参数往往就是稳态工况下的参数,比较有代表性的值如管道沿程的输量和压力,这些参数也是不稳定流动计算过程的初始值。

初始条件通常被作为动态仿真的起始值,对动态仿真的影响很大。影响主要体现在仿真消耗时间上,因为虽然不同的初始条件计算出的仿真模拟结果基本一致,但它会在较大程度上影响数据计算格式的收敛性,进而影响收敛速度。一个相对符合实际工况的初始条件对仿真模拟的效率至关重要,尤其在对复杂工况的动态仿真时须予以重视。而对于相对简单的管道,稳态工况下的各点流量相等,各点压力恒定,初始条件的计算相对简单。

2) 边界条件

边界条件是指在求解动态仿真模型时,一些独立于特征方程适用范围的节点,也可理解为仿真模型边界点的运行状态或者运行状态各参数间的相互关系。整个仿真模型的边界由两部分组成:一部分为管道外部边界,指管道系统与外部环境的交界处;另一部分为管道内部边界,指模型内各管道之间的连接处,如各设备所在的位置。

边界条件是求解动态仿真问题的关键之一。通常在求解管道动态仿真模型时,先列出特征常微分方程,然后列出边界条件方程,最后联立两者求解。求出的方程解为边界节点参数,如管道的进出口流量或压力。这样的边界点参数随后经计算迭代传给管道内的各参数,最终得到整条管道的运行工况。

5.1.1.4　常用求解方法

仿真模型所建立的非稳态流动偏微分方程,其组成中含有非线性的摩阻项,分析解法不适于对模型的求解。因此,数值计算方法是最常用且最合适的求解方法。其中,在管道仿真水力模型求解中较常用的有下述三种。

1）特征线法求解

方法的主要思路是首先通过两个特征值,将描述瞬变流动模型的两个偏微分方程变为四个常微分方程,然后利用有限差分方法求解常微分方程组的数值解。该方法不仅简化了不稳定流动求解过程,也更易于满足收敛要求,计算准确性更佳。同时,该方法还可与边界条件联立,在应对复杂的管网系统问题时有更大优势。总之,特征线法计算效率高,结果精度好,是应用最普遍的一种方法。

2）隐式差分法求解[3]

用有限差分方法求解时,若某一点的流速、压力未知数用相邻点的未知流速、压力值来表示,则此方法为隐式差分法。隐式差分法中,管道系统节点数决定了方程的个数,这些方程又联立成一组反映整个管道系统的方程组。方程组在进行下一次迭代时都需要求解出所包含的全部未知量。因此,迭代过程非常烦琐,若方程的边界条件相对复杂,或还具有二次摩擦项,则迭代将消耗更多时间。虽然隐式差分法的计算速度较慢,但它的求解稳定性不受时间步长约束,时间步长只需满足差分过程的基本条件即可。此方法不如特征线法在管道仿真领域的应用广,其优势主要在于自由表面的动态仿真。

3）变分法求解[4]

变分法同时具有解析法和数值解法两种方法的特点。对于快速瞬变过程和慢速瞬变过程,变分法都是相当有效的求解手段。其计算结果在节点数较少时与解析解相近,在节点数多时,数值解更精确。总的来说,变分法由于其时间、空间节点选取的任意性而提高了求解灵活性,其算法本身也具有较高的时间、空间求解效率。

5.1.2 仿真软件

管道运行仿真软件是管输工况分析、运行优化的重要工具。最早的仿真应用是从20世纪60年代开始,当时输气管道运行仿真软件的研发在国外兴起,随后各大设计院、高等院校以及石油管道公司都开展了相应研究,将其作为石油行业设计、调度、运行、培训方面一个重要的工具。

5.1.2.1 国外仿真软件

目前国外应用于管道仿真领域的商业软件主要有 AspenHYSYS、OLGA、PIPESIM、PIPEPHASE、Stoner Pipeline Simulator(SPS)以及 Pipeline Studio。上述软件在行业领域的发展都已较为成熟[5],它们的主要特点见表 5-1。

表 5-1　国外管道仿真软件简介

软件名	研发单位	功能介绍
SPS	Stoner 公司	长输管线稳态模拟和非稳态模拟;管理现有系统;规划设计一个新的项目;对设计、布站方案进行水力校核;紧急情况处理;储气(液)量分析;存活时间分析;突发事件分析;模拟如何处理突发事件;对操作员进行培训和考核;模拟各种流体;实时动态模拟管网运行工况;实时监视并过滤检测数据偏差;实时监视各种故障并启动报警
Pipeline Studio	ESI 公司	管线仿真模拟,以掌握集输管网状况;模拟不同条件下的运行瓶颈;改造方案检验;对管道事故工况进行仿真模拟;为实时模拟软件提供建模数据;温度跟踪,油气成分属性跟踪

续表 5-1

软件名	研发单位	功能介绍
PIPEPHASE	SIMSIC 公司	模拟油气生产和输送系统；模拟天然气传输和分配管线；化工流体管道网络；传输管线传热分析；管线尺寸设计；节点分析；水合物生成分析；油气田的生产规划和资产管理研究；注蒸汽(水)网络；气举分析
OLGA	SINTEF 公司及 IFE 公司	模拟各设备中的油气水三相运动状态；模拟问题管线解决方法；生产设计可行性研究；正常生产实时模拟控制；工程师训练模拟器建立；混输工艺有效数据预测
AspenHYSYS	Hyprotech 公司	各集输流程方案优化；收发清管球及段塞流预测；油气水分离器的设计计算；天然气水合物的预测；油气相图绘制；原油脱水、稳定装置设计；天然气脱水、脱硫装置设计；天然气轻烃回收装置设计；泵、压缩机选型和计算
PIPESIM	Schlumberger 公司	单井/单管生产模拟与节点分析；油气田管网模拟分析；水平井及分支井计算模拟；油田/区块生产最优化设计；油气田开发规划

　　表 5-1 中的 AspenHYSYS 主要应用于化工领域，偏向于油气处理；OLGA、PIPESIM、PIPEPHASE 则为多相混输管路的仿真软件，主要应用于海底管道的流动保障设计；SPS 以及 PipelineStudio 中的 TLNET 用于单相原油管道仿真，应用较为广泛，其中 TLNET 的模型建立较为方便，其结果显示也较为易懂，而 SPS 则具有动态模拟较快的优点，在管网越复杂的情况下该优势越突出，同时 SPS 可采用 ADL 语言进行逻辑控制，可以实现更多的功能控制[6]。

　　除表 5-1 所列的几种常用仿真软件外，还有一些仿真软件也曾在国外得到一定程度的应用[2]，见表 5-2。

表 5-2　管道稳态仿真软件

软件名	软件全称/公司名称	应用范围	适用范围
ME-187	液体输送管道设计程序/Bechtel 公司	原油、成品油、LPG 和 LNG	管线、传热或等温、可压缩或不可压缩的液体、不满流或满流输送
LIQSS	液体稳态仿真/Stoners Associates Inc.	水、原油和石油产品	管线或管网、等温、不可压缩液体

表 5-3　瞬态仿真软件

软件名称	软件全称/公司名称	应用范围	特　点
CE-099	液体系统瞬时分析/Bechtel Civil Inc.	水、原油、成品油、LPG 和 LNG	管线或管网、等温；把由 ME-187 或其他程序算出的稳态水力坡降输入 CE-099 作为瞬时分析的初始条件
LIQT	液体瞬时/Stoners Associates Inc.	PC 可用于水和污水管道系统，主机构文本可用于水、污水、原油和 LNG 系统	管线或管网；可用程序于等温、稳态和瞬时模拟，黏稠液体模型模拟等等
SURGE	管网中瞬变流动的计算分析/美国肯塔基大学土木工程系	水、原油、成品油、LPG 和 LNG	等温管线或管网
HALSURGE	水击分析/Hydraulic Analysis,Ltd,England	水、原油、成品油、LPG 和 LNG	等温管线或管网

虽然国外商业仿真软件在我国的应用较为广泛,但实际效果不容乐观,不仅价格昂贵,而且得不到好的经济效率。一方面是软件本身的缺陷所致[7],开发仿真软件的人员往往是不具备石油背景的计算机专业人员,在设计软件的过程中与石油行业的人员交流不足,导致模拟方案不合理;另一方面则是使用人员的重视程度不够[8]所致,国内从业人员往往重视实际生产或现场试验,对模拟的可信度持怀疑态度,限制了仿真软件的应用范围,使仿真软件的有效价值难以得到充分发挥。

5.1.2.2 国内仿真软件

我国从 20 世纪 80 年代就开始引进国外的仿真软件用于国内的相关管道,但前期对仿真软件的重视程度不够。虽然我国对仿真软件的研究开展较晚,投入力度也只是在近年来开始加大,但我国的管道公司、高等院校以及相关设计单位还是在引进国外仿真软件的基础上,积极开展工作并取得了较大成果[9-11],见表 5-4。如 20 世纪 80 年代,中国石油大学(北京)孟伟等开发的 GPTRAN 软件;1995 年,西南石油大学王寿喜等研制的天然气管网静动态仿真软件 GASFLOW;1997 年,西南石油大学李长俊等研制的气体管道静态、动态仿真软件 EGPNS;2002 年,中国石油大学(华东)开发的应用于西气东输管道工程稳态优化运行的仿真软件 WEGPOPT(West to East Gas Pipeline Opyimization);2005 年,中国石油大学(北京)左丽丽开发的输配气管网运行仿真通用软件 Simu Pipe。最能代表我国仿真领域水平的软件是 RealPipe。

表 5-4 国产仿真软件 RealPipe 3.0 概况

管道设计	投产分析	运行优化	调度培训
通过仿真软件建立管道、站场设备的电子模型,计算不同管径、管长、站场布置下的设计输量,为数据方案设计提供参考	通过仿真软件模拟管道置换过程和投油过程,研究管道内油品的温度、压力、流量及混油变化情况	通过模拟管道特定工况下的水力、热力参数,形成相应的图表等输出,为管道安全运行提供数据支持	通过建好的仿真培训系统模拟实际操作,观察工艺参数变化趋势,考验调度员的应急能力和业务素质

RealPipe 是我国实现大型管网仿真模拟计算引擎国产化的第一步。该软件于 2008 年由中国石油管道科技研究中心研发。2010 年由中石油发布 1.0 版本,2012 年升级至 3.0 版本,实现了油气两种介质在同一仿真平台模拟的功能。2013 年添加了管网稳态运行优化功能计算模块,同时在管道运行优化上也有进步。RealPipe 与国外的其他大型仿真软件一样,采用方便的图形化设计界面,具有管道前期设计、投产分析、运行优化、调度培训等功能。

5.1.3 仿真软件应用及发展趋势

近年来,随着仿真技术应用的日益普遍,仿真技术取得了一定成果。这些成果也是未来的主要发展趋势,如开发仿真培训系统、优化运行、在线仿真、发现运行规律等。

5.1.3.1 仿真培训

现代管道仿真技术应用领域中最重要的一部分就是仿真培训[12,13]。培训人员可在虚拟的管道仿真系统上进行调度操控,这一改变大大降低了原来在真实管道上操作培训的风险性,同时与现场 SCADA 系统极度相似的控制界面更是有效地提高了运行调度人员的操作水平。我国相当重视对仿真培训的研究，并取得了不少突破性成果，如庆铁输油管道仿真系统、兰成渝成品油管道仿真系统、川气东送管道模拟仿真系统等。这些仿真系统由我国自主研制且具有较大的影响力，后来仿真系统越来越多，几乎每条管道都有与之相对应的仿真系统，它们有的是完全自主研发的，有的是在国外商业仿真软件基础上进行二次开发的，都极大地方便了调度人员的培训过程。

如今的仿真培训还主要集中在 2D 界面的操控上，未来随着计算机软件技术的发展、VR 技术的普及，仿真培训系统的三维立体化是其发展的必经之路。

5.1.3.2 优化运行

优化运行一直是管道仿真技术的重点，伴随着仿真技术的发展。但在不同的阶段，其研究的重点有所区别，如早期主要偏向于站场布置、管径优选等设计领域，而现在则逐渐向顺序输送、稠油输送等方案优化领域过渡。

首先利用仿真软件建立管道模型，然后设计不同的输送方案，通过仿真得出不同方案的水力、热力消耗，最后经过灰色优选方法得出最优方案。最优方案包括给出站间距、出站温度、运行压力、最优管径和壁厚等。仿真软件的应用使管道输送的初期设计以及运行方案都有了依据。

5.1.3.3 在线仿真

目前管道仿真的另一重要新兴研究方向为在线仿真[14]。管道在线仿真软件从SCADA系统中提取管道实时运行数据，并利用这些实时数据进行模拟分析。目前支持在线仿真的大型商业软件不多，功能较完善的如美国 SSI 公司开发的 On-line System，Stoner 公司开发的 On-line Modeling System 等。这些在线仿真软件方便操作人员对管道系统的实时监控及分析，尤其是发生异常工况时，对后续工况的变化及抢救预案的制定有关键性作用。

仿真软件在线仿真的理论基础为"黑箱理论"，其原理是通过管道两个端点的数据（压力、流量、温度等）来计算其他节点的数据，由此来模拟运行过程中整条管道的水力状态。在线仿真的应用范围较广，包括任意点流动参数的预测、管道的检测和定位、仪器仪表分析以及清管器的跟踪等。

在线仿真的未来发展趋势主要集中在泄漏检测、顺序输送、加剂输送等对运行影响较大的工况分析上。如今泄漏检测的计算方法主要有体积平衡法、单点压力分析法、瞬变模型法、统计检漏法等。在线仿真须在这些计算方法的基础上不断改进，使仿真得到的泄漏位置与泄漏量尽可能与实际情况相近。顺序输送方面则主要在混油跟踪上，须能根据SCADA 提取的现场数据，实时计算出混油的界面、长度、性质。加剂输送则应清楚地反映出减阻剂对于原油性质的影响，对于影响减阻剂效应的因素如减阻剂类型、溶解剂浓度、温度、管径、粗糙度等因素都须拟合出性能曲线，并计算出减阻系数。

5.1.3.4 发现运行规律

仿真技术的最后一个重要的发展趋势就是发现运行规律[15]。现有管道运行规律的研究大都是通过室内实验设备或者现场实验进行的，然而室内设备在结构尺寸与运行参数上都与实际工况有较大差别，并不能准确反映现场实际。现场试验成本较高，同时很多试验因存在风险性并不能进行。若采用各种假设条件进行纯理论的经验公式推导，则由于管道运行所受影响因素较多且各因素间关系仍不明确，得到的公式不能准确描述实际过程。因此,考虑上述方式的缺陷,仿真模拟技术成为未来学术研究的重要方向。仿真模拟既避免了实验设备的局限性,又在风险性上比现场试验有优势,同时试验周期短、随机性低。

随现今计算机水平的提高,仿真水平越来越高,分子级别的模拟技术也逐渐成熟,未来的仿真技术将不局限于管道运行压力、流量等宏观层面,面向分子、原子等微观层面的仿真将成为主流。

5.2　管道清管技术

含蜡原油管道运行一段时间后,管道内壁上会沉积一层较厚的蜡沉积物,使管道内径减小,原油在管道流动过程中的阻力损失增加,动力消耗增加。例如,我国某条直径426 mm的管道在投产4~5个月后,由于管道内蜡沉积现象严重,摩阻损失增大了50%,致使管道的输送能力大大降低。为了恢复管道的输送能力,必须要对原油管道进行清管。通常使用清管器来完成含蜡原油的清管。在实际运行中,为保证管道安全生产,减少清管风险,清管前多启用加热炉来提升沿线油温等。

清管器作为机械清洗管道的设备之一,可用于管道扫线、干燥、封堵、置换等。长输管道通过沿线清管,可有效减小管道管壁结蜡层厚度,提高管道运行效率。清管器是通过其前后管内流体压差推动运行的,运行过程中刮削管壁污垢,将堆积在管道内的污垢及杂物推出管外。采用清管器清洗技术可有效提高管道输送效率,尤其是高含蜡原油管道。通过经济性计算,建立合理的清管周期,是安全运行、节能降耗的有效途径。此外,对于刚刚敷设不久的管道,为了尽快投产,常需要使用清管器对管道内残留的各种杂物进行清理。

5.2.1　清管器选择

清管器的选择根据用途的不同而不同。对于管道常规清管作业,其类型选择建议如下:

(1)一般情况下宜采用碟型皮碗清管器、直型皮碗清管器或直碟皮碗清管器。

(2)对于较长时间未清管或结蜡较厚的管道,宜采用软质清管器。软质清管器因其轻而柔软,在管道中不易发生"卡堵",且可以判断管道是否具备投运机械清管器的条件。在接收软质清管器时,清管器进入收球筒后,应及时切换至正输流程,防止其被吸入三通。

(3)对含有硬蜡或硬垢(一般情况下,根据以往的清管作业情况和所属原油性质可以大致判断管道内的结蜡情况)的管道进行清管作业,宜采用钢刷清管器。当管道内壁有涂层时,可将钢丝刷更换为尼龙刷。

(4)在清管作业中需要初步判断管道的可通过能力时,可采用测径清管器。

(5)为内检测作业而进行的清管作业,宜采用碟型皮碗清管器、直型皮碗清管器、测径清管器、钢刷清管器和万向节清管器等,逐步将管线清理干净。

(6)为防止一次性清出的杂质过多,降低作业风险,清管作业应按照"循序渐进"的原则进行(循序渐进可分为两个方面,一是清管器的类型、过盈量及清管次数的选择,二是从管道下游的管段开始,依次向上游分段清蜡)。实际发送清管器的类型和次数可根据实际情况进行调整。

5.2.2　清管相关设备

5.2.2.1　清管器收发装置

清管器收发装置是管道清管扫线必不可少的设施。新建管道在施工时使用临时收发装置，工艺流程简单，可以移动。正式投用的管道采用固定收发装置，工艺流程复杂，安装在泵站区。该装置一般由快开盲板、筒体、清管器指示器、工艺管汇、阀门组成。快开盲板是整个装置的核心部分，应具有良好的开关性及可靠的密封性。清管器收发装置现场图片如图 5-1、图 5-2 所示，原油管道收发球示意图如图 5-3 所示。

图 5-1　原油管道清管器收发装置 1

图 5-2　原油管道清管器收发装置 2

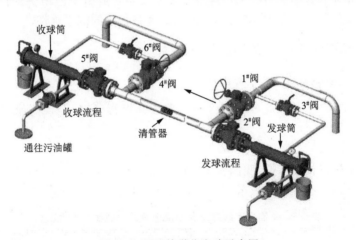

图 5-3　原油管道收发球示意图

由图 5-3 可知，发送清管器时，现场人员打开发球筒盲板，将清管器放入后，管壁快开盲板，导通发球流程发球：开 2# 阀门→开 3# 阀门→关 1# 阀门；待清管器出站后导通正输流程：开 1# 阀门→关 3# 阀门→关 2# 阀门。上游发球前应提前导通收球流程，具体操作：开 5# 阀门→开 6# 阀门→关 4# 阀门；待球进站后导通正输流程：开 4# 阀门→关 5# 阀门→关 6# 阀门。上、下游收发完清管器，都导通正输流程后，打开通过污油罐流程的阀门，清理收发球筒内污油。

5.2.2.2　清管器信号仪

清管器信号仪由发射机和接收机两部分组成，如图 5-4 所示。发射机安装在清管器的尾部，随清管器在管道中运行，并发射低频信号，接收机在地面接收此信号，实现清管器跟踪、定位，使清管器安全顺利运行。

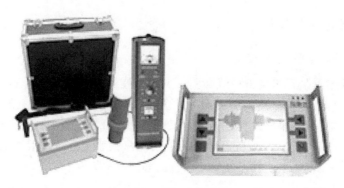

图 5-4　清管器信号仪

电子定位发射机是整个清管设备中质量要求最高,可靠性、稳定性要求最强的部件。由于电子定位发射机被安装在清管器上,与清管器一同在管道中运行,并且要求始终发射出超低频无线电信号,所以它的工作可靠性要求最高。清管器在管道内运行过程中,安装在清管器上的发射机发射出超低频无线电波,通过管道内的介质、管壁、土壤传到地面,地面上的定位接收机或指示仪接收到管道中发射机发射的信号,使地面工作人员能及时掌握地下管道中清管器的运行情况。由于地下管道中的情况很复杂,所以清管器的工作环境很恶劣,经常发生被卡住或撞坏的故障。此时,如果电子发射机还能正常工作,工作人员就可利用电子定位接收机寻找到故障点。电子定位接收机专门用于接收清管器的发射机发射出的超低频无线电信号,具有很高的灵敏度和很强的抗干扰性。

5.2.3　清管作业启动条件及技术要求

5.2.3.1　清管作业启动条件

清管作业的启动多从结蜡厚度和经济性两方面进行确定,但在其他一些特定的要求下,也需要启动清管作业。

1）管道结蜡厚度

与世界上多数产油国不同,我国所生产的原油大多为含蜡原油。表 5-5 为我国几种原油及部分进口原油的基本物性数据。

表 5-5　我国生产的部分原油及部分进口原油的基本物性

油样	物性					
	20℃密度 /(kg·m⁻³)	凝点 /℃	50℃黏度 /(mPa·s)	蜡含量 /%	胶质含量 /%	沥青质含量 /%
大庆混合油	870.6	32	20.2	26.29	9.13	0
中原混合油	856.6	32.5	16.2	21.51	10.19	0.17
胜利混合油(鲁宁线)	914.0	22	122	9.62	17.73	1.25
新疆(北疆混合油)	853.2	12	9.76	13.12	6.09	0.30
新疆吐哈混合油	822.2	11	3.04	11.05	3.64	0.14
辽河高升油	944.3	13	2 256	6.60	47.60	
胜利单家寺油	978.4	12	9 261	1.85	22.87	1.84
渤海埕北油	952.0	0	574.7	6.30	25.00	0

在管道的运行管理中,定期分析管道的当量管径,可以判断管道沿线结蜡情况,掌握管道内径的变化趋势,这对于管道的工况分析和安全运行都有重要意义。由于热含蜡原油管道沿线的油温、壁温和管道内壁温差不同,所以沿线的结蜡厚度也不同。限于目前的测量技术,还没有比较完善的描述管道内壁结蜡规律的公式。工程上常引用某段管路的平均结蜡厚度,认为该管道的结蜡情况对摩阻的影响与管内径缩小相同。可根据一段管道(一般为一个加热站间)的实际流量、沿程摩阻、原油黏度等运行参数反算管道的当量直径,然后计算结蜡的平均厚度。

2) 运营成本

在一个清管周期内,如果输量基本保持不变,则随着结蜡厚度的增加,管道实际的流通面积(当量直径)减小,摩阻增大,导致动力消耗增加。同时,蜡层使管道的总传热系数下降,管路的散热量减小,可以使热力消耗减小。随着时间的推移,管道中的结蜡越来越厚,为降低管道输送油品的单位能耗,必须在管道运行一段时间后实施清蜡。清蜡后,管道的实际流通面积增大,管输油品的摩阻损失减少,单位油品的动力消耗降低,但由于蜡层变薄,管道总传热系数增加,温降较快,从而又导致加热炉负荷及单位油品热力消耗增加。图 5-5 为我国某输油管线清管运行后的统计数据图。

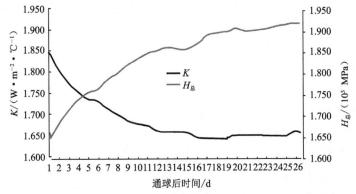

图 5-5　清管后总传热系数 K、总摩阻 $H_总$ 随时间变化趋势图

针对部分原油管道在低输量下运行这一现状,国内有些专家提出了"浮动清蜡技术",即在清蜡过程中并非将结蜡层全部清除,而是保留一部分蜡层,其厚度为余蜡厚度。目前,在低输量下运行的管道,适当留有一定的结蜡厚度,对管道的安全经济运行是有利的。

对某一条具体管道确定经济的清管周期,应从两方面入手:一是计算出因结蜡保温节约的燃料油费用 ΔS_Y;二是计算出因结蜡增加摩阻多耗的动力费用 ΔS_D。比较二者大小,当某天节约的燃料油费用 ΔS_Y 小于多耗的动力费用 ΔS_D 时,应进行第二次清管作业。这样,相邻清管时间间隔即一个经济的清管周期。

(1) 结蜡保温节约的燃料油费用 ΔS_Y。

由出站温度计算公式

$$t_H = (t_K - t_0) e^{\frac{K\pi DL}{Gc}} + t_0$$

可计算出管线没有结蜡时的出站温度 t_{H0} 及随着结蜡厚度的增加相应的出站温度 t_{HX}。结蜡保温节约的燃料油量为:

$$\Delta Q_Y = (t_{H0} - t_{HX}) Gc / (Q_H \eta) \times 1\,000 \tag{5-4}$$

节约的燃料油费用为:

$$\Delta S_Y = \Delta Q_Y S_Y \tag{5-5}$$

式中　G——输油量，kg/s；

t_H——本站出站温度，℃；

t_K——下站进站温度，℃；

t_0——管道地温，℃；

ΔQ_Y——节油量，t；

Q_H——燃料油热值，kJ/kg；

η——加热系统效率，%；

S_Y——燃料油单价，元/kg。

（2）因结蜡增加摩阻多耗的动力费用 ΔS_D。

由列宾宗公式（管道输油一般在紊流光滑区）

$$h_0 = \left(0.024\,6\,\frac{Q^{1.75} \nu^{0.25}}{D_n^{4.75}} L + \Delta Z \right) \gamma \times 10^{-6} + h_m \tag{5-6}$$

计算得出管线没有结蜡时的摩阻 h_0 及随着结蜡厚度增加的摩阻 h_X。全线因结蜡多耗的动力为：

$$\Delta N_D = (h_X - h_0) Q \gamma / (\eta_1 \eta_2) \tag{5-7}$$

多耗的动力费用为：

$$\Delta S_D = \Delta N_D S_D \tag{5-8}$$

式中　Q——管输量，m³/s；

ν——油品黏度，m²/s；

L——站间距，m；

ΔZ——本站与下站阀室标高差，m；

γ——油品重度，N/m³；

h_m——局部阻力，MPa；

ΔN_D——节电量，kW·h；

η_1——电机效率，%；

η_2——输油泵效率，%；

S_D——燃料油单价，元/kg。

当清管后某一天，$\Delta S_Y = \Delta S_D$ 时，该天数即合理的清管周期。

（3）平均结蜡厚度。

可以采用如下公式计算管道结蜡厚度：

$$\delta = \frac{1}{2} \left[d - (\beta Q^{2-m} \nu^m L / h_l)^{\frac{1}{5-m}} \right] \tag{5-9}$$

$$h_l = \frac{p_1 - p_2}{\rho g} \left[10^6 - (Z_1 - Z_2) \right] \tag{5-10}$$

式中　δ——平均结蜡厚度，m；

d——管道内径，m；

β、m——与流态有关的常数，对于紊流光滑区，$\beta = 0.024\,6$，$m = 0.25$；

h_l——相应于 l 管长的沿程摩阻，m；

p_1——管线起点压力，MPa；

p_2——管线终点压力,MPa;

Z_1——管线起点高程,m;

Z_2——管线终点高程,m。

3）管道的输送能力

当管道的输送能力在上次清管作业结束后下降超过 2%时,宜进行清管作业。

4）内检测作业要求

内检测作业主要采用漏磁检测技术。一方面,该技术对管道的清洁度有一定的要求,因为较厚的结蜡层易使检测设备发生"打滑"现象,影响检测数据;另一方面,清管作业可以大致了解管道的可通过能力,为检测器的顺利投运提供重要依据。因此,在管道进行内检测作业前,应对管道进行清管作业。

5）其他

在对管道进行科学试验前,如大排量测试、压力试验等,宜进行清管作业,防止由于杂质的存在而影响试验结果;管线进行工艺调整,如添加缓蚀剂、对原油进行脱水等,宜进行清管作业,以保证工艺调整的效果;当发生自然灾害,如地震等时,宜进行清管作业,尤其应投运测径清管器,初步判断管线是否发生较大变形。

5.2.3.2　清管作业技术要求

1）清管速度

清管器在管道内运行过程中不应在太低的速度下运行。当清管器的运行速度不满足要求时,应先通过生产运行进行调整。不能通过生产运行进行调整解决的,则通过改进清管器的功能来实现。鉴于我国液体管线的输送情况（流速多为 0.5～1.5 m/s）,液体流速在不低于 0.5 m/s 时即可进行清管作业。可以采用管道内液体的平均流速作为清管器运行的平均速度:

$$\bar{v} = \frac{Q}{250\pi D^2} \tag{5-11}$$

式中　$\bar{v}$——清管器运行的平均速度,km/h;

Q——输油流量,m^3/h;

D——管道的当量直径,m。

相对于周围流动的液体,清管器往往有一定的滞后。因此,可根据清管器的实际跟踪过程计算其平均速度:

$$\bar{v} = \frac{L}{t} \tag{5-12}$$

式中　L——清管器运行距离,km;

t——运行 L 距离的实际时间,h。

2）过盈量

为了起到密封作用和有效清管,要求清管器在管内具有一定的过盈量。过盈量的大小可根据站间距、管内壁粗糙度、管径大小来确定。实际工程中过盈量计算公式为:

清管器过盈量=(管道清管器外径-管道内径)/管道内径×100%

清管球过盈量宜为 3%～10%,清管器密封皮碗的过盈量宜为 2.5%～5%,泡沫清管器的过盈量宜为 2%～4%[16]。

3）泄流孔

一般清管器筒体或者皮碗上开设泄流孔，其主要作用是冲刷清管器前端的蜡质，防止栓塞的产生。泄流孔应在清管器筒体或皮碗上均匀开设，且前部皮碗各泄流孔的有效面积总和宜为管道通流面积的 1%～8%，前后皮碗的泄流孔面积之比宜为 1:1.5～1:2。

5.3　管道检测技术

管道长时间运行后，由于腐蚀或者外力影响导致变形等问题，使管道可承受压力等级降低，严重时可导致腐蚀穿孔或开裂，最终发生泄漏事故。目前多根据管道运行状况及时采取检测作业，掌握管道腐蚀情况，评估剩余压力，这也是管道完整性管理的重要内容，给管道安全运行、腐蚀等问题整改提供数据支撑[17,18]。

检测目的不同，采用的检测方法各不相同，具体详见图 5-6。

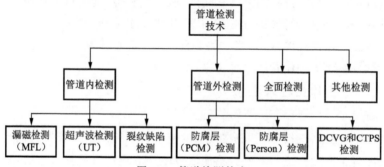

图 5-6　管道检测技术

长输管道有两种检测方法：一种是破坏性检测，另一种是无损检测。破坏性检测是使用静压检测技术验证管道的使用安全系数。由于这种方法不能定位管道缺陷位置，并且在检测中会扰乱正常生产，所以并不推荐使用。与此相反，无损检测可以检测到可能引起管道事故的缺陷并正确定位缺陷，因此这种方法既能提供管道的完整性信息，也能得到安全系数的测量值。

按管道检测部位的不同可分为两种：管道外检测和管道内检测。管道外检测主要是对管道埋深、管道周围状况、保护电位、加重层等防腐涂层、牺牲阳极、管道支撑状况等情况进行检测和探查，多应用于站内管线。管道内检测是指在不对管道运行产生影响的情况下，通过装有无损检测设备以及数据采集、传输、处理和存储系统的智能移动机械或清管器，对管道几何变形、管壁腐蚀、裂纹、壁厚、焊缝等进行检测。

目前，工程上使用最多的内检测方法有激光检测、涡流检测、漏磁检测（MFL）、电磁超声检测（UT）、电磁波传感检测（EMAT）、压电超声波检测及超声波等方法。国内目前应用较多的内检测方法是漏磁检测法和超声波检测法。

5.3.1　漏磁检测法

漏磁检测法是通过对管壁施加一个强的磁场检测钢管金属对磁场的损耗，用对泄漏磁通敏感的传感器检测局部金属损耗引起的磁场扰动所形成的漏磁，进而分析管道的破损情况。在对金属材料的工件进行检测时，这种技术不仅能描述金属材料表面缺陷的状况，还能描述材料深度的状况。金属管道对于电磁是良导体，利用漏磁检测技术可以检测管道的各种缺陷,如管道裂纹和管壁的受腐蚀减薄等。漏磁检测原理:对管壁进行漏磁检测时,由线圈产生的交变磁场进入被检测管壁,当被检测管壁不存在缺陷时,磁力线将不外溢;当遇到已受腐蚀变薄或者存在裂纹的管壁时,穿过缺陷的磁力线将外溢,即漏磁,此时磁敏探头采集到外溢磁力线信号,通过对信号的分析和处理,便可得出管壁的金属损失情况。漏磁检测法的管道结构和现场应用图如图 5-7、图 5-8 所示。

图 5-7　内检测器结构

图 5-8　内检测器现场应用

管道钢管这类高磁导率的铁磁性材料被磁化后,在有缺陷处磁力线发生弯曲变形,并且有一部分磁力线泄漏出缺陷表面。漏磁检测就是用磁敏元件传感器检测该泄漏磁场,从而判断缺陷存在与否。漏磁检测器的结构及检测原理如图 5-9、图 5-10 所示。

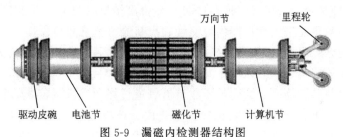

图 5-9　漏磁内检测器结构图

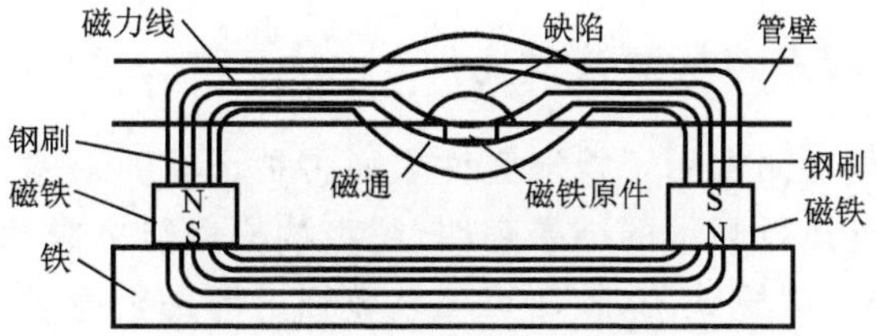

图 5-10　漏磁法检测原理图

进行管道检测时,被检测管道将受到横向和纵向两个方向磁场的磁化作用,如果有缺陷存在,则缺陷内磁场强度 H_g 的计算公式为(假设缺陷内介质空气的磁导率为 1):

$$H_{\mathrm{g}} = \frac{(2h/\omega) + 1}{(1/\mu_{\mathrm{Fe}})(2h/\omega) + 1} H_0 \tag{5-13}$$

式中　H_0——磁场强度,A/m;

　　　μ_{Fe}——管道磁导率,H/m;

　　　h、ω——缺陷的深度和宽度,m。

漏磁检测法技术简单、方便且费用低,但检测精确度低,对管材敏感。该技术的缺点是只限于材料表面和近表面的检测,不能对厚管壁管道进行有效检测;干扰磁力线对管壁磁化的影响因素多;对传感器收集的信号要进行特殊处理;检测数据的信息量大,需要很大的存储空间,对硬件要求高;管道中的污垢、残渣以及油或水等物质对漏磁检测仪的检测有很大影响。

5.3.2　超声波检测法

超声波检测法是利用超声波投射技术,将短脉冲之间的渡越时间转换为管壁的壁厚进行检测。当有泄漏发生时,钢管壁内的渡越时间减少为零。该检测方法检测精度高,能提供精确、定量、绝对数据,但该方法使用比较复杂,费用高。由于其特殊的结构,智能清管器只适用于没有太多弯头和连接处的大口径管道。

超声波检测技术在焊缝检测中的应用越来越广泛。这是由超声波检测诸多优点和超声自动检测相关技术日益成熟决定的。超声波检测不仅能可靠地检测缺陷,而且能对缺陷进行准确定位。与射线检测相比,超声波对裂纹的检出灵敏度高得多。对焊缝中的危险缺陷——裂纹、未焊透,尤其是微裂纹和轻微未渗透,用超声波探伤比其他几种常规无损检测方法更容易,且超声波仪器简单,检测速度快。

超声波检测也有局限性。在检测时,需有连续的耦合剂存在于超声探头与管壁之间。目前,超声检测在气体管道上的应用还存在一定困难。超声波检测技术利用超声波的物理效应从超声信号中抽取信息,再对信息进行分析处理,从而推断出结论,这样的过程使其检测结果具有间接性和统计性,即存在漏检和检出结果重复等相关问题。因此,超声波检测发展的核心问题在于探索检测的可能性和提高检出结果的可靠性。

超声波检测已运用多年,技术上已经相当成熟,但是其逐点扫描检测的特性使得该检测技术难以适用长距离、大范围的管道在线检测。为解决这一问题,诞生了超声导波技术。在管道内由一点激励产生的超声导波可沿管道传播相当远的距离,最远可达几十米。超声波检测的数字化、自动化、智能化和图像化成为超声无损检测技术研究的热点,标志着超声无损检测的现代化进程。其中超声成像技术可提供直观和大量的信息,直接反映物体的声学和力学特性,有非常广阔的发展前途。

5.3.3　漏磁与超声波检测法对比

漏磁检测与超声波检测常用于检测管件表面多种形状的缺陷,且都能应用于在役管道的缺陷检测。国内外运行测试的结果表明,超声波检测能可靠地检测到母材及纵向焊接区,甚至一些凹陷中的裂缝缺陷,检测可靠性较强。但是超声波检测过程复杂,对检测环境的要求很高。为保证足够大的信噪比,避免超声波在空气中衰减过快,超声波检测要求探头与管壁间保持连续的耦合剂,这样的特性使该技术在输气管道上应用困难,比较适于水或纯油管道的缺陷检测。由于原油介质的密度、均匀性等差异很大,所以对于原油输送管道的检测精度不高。当管壁结蜡严重时,超声波将被蜡质吸收;当遇到不规则缺陷时,会出现多次反射回波,因而对检测信号的识别要求很高。

漏磁检测技术检测过程简单,但检测精度略低于超声波检测,对检测环境的要求也很低,管壁表面粗糙度对检测的影响较小,检测时对输送的介质无要求,油、气管道均适用。超声波检测技术仅限于检测表面缺陷,但漏磁检测技术可检测的缺陷类型多样,如管壁内表面及近表面的许多缺陷都能检测。

漏磁检测技术的不足之处:无法检测非常平缓的管壁缺陷,因为缓变的缺陷不能产生足够大的漏磁信号。

漏磁检测法和超声波检测法是目前使用最为广泛的两种管道智能检测方法。这两种方法在检测原理上有所不同,导致这两种检测方法在检测对象、检测范围及检测结果等方面有所区别。表 5-6、表 5-7 为漏磁检测法和超声波检测法在适用性上的比较。

由表 5-6、表 5-7 可见,两种方法均能检测腐蚀缺陷与裂纹缺陷,但超声波检测法可定量探测缺陷的大小,漏磁腐蚀检测法只能对探测到的缺陷进行定性描述。尽管这两种检测方法的原理有所不同,但在长输管道上都被广泛采用。比较而言,超声波检测法的检测费用高于漏磁法,因此漏磁法检测器的应用更为普遍[19,20]。

表 5-6　检测方法的适用性

检测方法	适用性				
	腐　蚀	机械损伤	环焊缝缺陷	S-N(疲劳)和裂纹生长	应力腐蚀(SCC)
漏磁检测	适　用	适　用	适　用	仅适用于表面裂纹	仅适用于表面裂纹
超声波检测	适　用	适　用	适　用	适　用	适　用

表 5-7　漏磁和超声波检测对比

类　型	分　辨	对于面腐蚀缺陷在 80%	缺陷特性参数	数值/mm
漏磁检测	高	$0.1T$	可检测到的最小深度	$0.1T$(面腐蚀)
			可检测到的最小宽度	$3T$
			尺寸检测精度	接近 $0.1T$
	超　高	$0.05T$	可检测到的最小深度	$0.05T$(内壁)
			可检测到的最小宽度	$0.25T$
			尺寸检测精度	接近 $0.05T$
超声波检测	高	1 mm	可检测到的最小深度	接近 1 mm
			可检测到的最小面积	20 mm^2
			尺寸检测精度	1 mm
	超　高	0.5 mm	可检测到的最小深度	接近 0.7 mm
			可检测到的最小面积	5 mm^2(内壁)
			尺寸检测精度	0.5 mm

注:T 为管壁壁厚,mm。

5.4　管道泄漏检测技术

长输原油管道运行时因管道腐蚀、施工质量、打孔盗油等问题可导致管道泄漏,带来较大经济损失或环保问题。此外,油品外泄可能会引起着火爆炸,具有较大的安全隐患;若泄漏发生在河流穿跨越处,可能导致水体污染,产生一系列的次生灾害。随着近年来国家对安全生产的加强及环境保护的重视,对于长输管道运行过程中泄漏工况的实时监控和有效发现、处置的要求更高,从而推动了泄漏检测技术的推广应用。

管道泄漏检测技术涉及多领域、多学科的综合知识,不同检测方法和技术差别较大,从简单的人工巡线到复杂的软硬件相结合的基于知识的方法,从陆地检测到海底检测,甚至利用飞机或卫星遥感检测大范围管网等。对于管道泄漏检测技术的分类还没有统一的认识,如根据检测过程中测量手段的不同,分为基于硬件和基于软件的方法;根据测量分析媒介的不同,分为直接检测法和间接检测法;根据检测过程中检测装置所处位置的不同,分为内部检测法和外部检测法;根据检测对象的不同,分为检测管壁状况和检测内部流体状态的方法等。

5.4.1　管道泄漏检测方法

5.4.1.1　基于硬件的方法

基于硬件的方法主要是将各种硬件装置安装在管道上,并利用这些装置进行管道泄漏的检测与定位。例如,通过人工巡视,或者各种基于一定的物理和化学原理的设备来监测管道周围的实时状况,通过相应的分析来判断管道是否泄漏。基于硬件方法的泄漏检测系统详见表5-8。

表 5-8　基于硬件方法的泄漏检测系统

序　号	方　法	原理及特点	备　注
1	人工巡视法	检测速度慢,没有连续性,主要依靠检测者所积累的经验,无法达到实时检测	多与其他方法配合使用
2	示踪剂检测法	通过向油品中添加示踪剂,泄漏后对挥发的示踪剂进行检测。消耗大量的时间,发现泄漏的速度较慢,并且对泄漏点不能精确定位	
3	空气采样法	对管道周围空气进行采样,若可燃气体浓度达到报警值,则说明泄漏	投资大,局限性大
4	光学和热学检测法	通过检测泄漏后的环境温度来判断泄漏。管道中的温度和环境温度差值越大,检测的效果越好。效果最好的是冬季供热管道的检测	埋设深度会对此方法的有效性产生影响
5	声学检测法	通过检测泄漏后油品与管道摩擦产生的超声波进行检测	
6	泄漏检测电缆法	利用一种特殊电缆,当油品泄漏后与其发生物理或化学变化,同时产生某种电信号或光信号,从而进行泄漏检测	投资较大,后期维护成本高

5.4.1.2　基于软件的方法

稳定运行的管道发生泄漏后,其压力、流量等参数会发生相应变化,并具有一定趋势。基于软件的方法就是利用信号分析技术对运行参数进行分析处理,从而实现泄漏的发现与定位,同时通过对控制信号的识别、管道基础参数的修正,减少运行操作对泄漏信号的干扰,提高监测系统的灵敏度和定位精度。近年来随着计算机技术的高速发展,泄漏检测系统趋于以软件分析为主、软硬结合的方法,弥补了硬件方法的不连续性、实时性差、费用高等一系列问题,达到了使用方法简单、应用范围广泛等目的。目前,基于软件的方法一般在管道两端安装若干个传感器采集管道的各项参数,然后通过相应的技术分析这些数据,从而实现泄漏的检测与定位。该方法又可以分为三种:数学模型方法、信号处理法和知识分析法[21]，具体详见表 5-9。

表 5-9 基于软件方法的泄漏检测系统

序 号	方 法	原理及特点	备 注
1	数学模型法	进行实时建模，运用模型对采集的管道的各种参数进行分析，然后利用相应的算法对分析结果进行处理，实现管道泄漏的检测	状态估计法 系统辨识法 实时模型法 瞬变流检测法
2	信号处理法	利用管道上声波、压力等数据，根据相应的技术对数据进行分析，从而实现管道泄漏的检测和定位	声学方法 压力分析法 流量守恒法
3	知识分析法	根据处理数据所采用的技术可以分为统计学法、模式识别法、神经网络法等	

目前国内长输管道多采用基于信号处理的软件检测方法，结合人工巡线实现管道泄漏工况的检测。其中，基于信号处理的方法主要是通过对现场采集的流量、压力和温度信号等进行去噪处理后，采用相应的数据分析方法提取信号突变点或突变段，计算出首末两端信号的突变时间间隔，实现管道的泄漏检测和定位。基于软件的检测方法应用最多的是声学方法、负压波法，同时近年来随着大数据挖掘在工业领域的应用，知识分析法中的神经网络、深度学习等方法越来越受到研究人员的重视。

（1）声学方法。

当输油管道发生泄漏时，产生的高频振动噪声沿管道壁传播，被安装在管道上的检测器捕捉并加以分析，判断是否发生泄漏[22]。当输油管道发生泄漏时，流体经过泄漏点会因管道内外的压力差而产生高频噪声，即泄漏声波。该声波沿管道传播，被传感器采集并进一步分析处理，判断是否泄漏和定位泄漏点。检测泄漏声波是一种很直接的方法，可通过分析引起声波衰减的阻尼影响因子得到声波的传播规律，从而建立传播模型。首先采用小波变换分析获得泄漏声波主能量频带，然后基于该频带的校正系数修改模型，得到实际传播模型来检测泄漏。该方法无须考虑声波的速度和时间差，能有效检测管道是否泄漏并定位泄漏点，但由于距离的精度、声波传感器的准确性、采样率等因素，该方法存在一定的误差。

（2）负压波法。

在信号处理检测方法中，多采用负压波法实现管道压力异常捕捉和定位。当管道上某处突然发生泄漏时，由于管道内外的压差，泄漏点的流体迅速流失，在泄漏处产生瞬态压力突降。泄漏点两边的液体由于压差而向泄漏点处补充，这个瞬变的压力下降作为振动源并以声速利用管道原油向上下游传播，相当于泄漏点处产生了以一定速度传播的波，在水力学上称为负压波。管道发生泄漏后，负压波以一定的速度自泄漏点向上、下游传播，经过若干时间后，分别到达管道的首、末两端。安装在管道首、末两端的压力传感器捕捉到这种特定信号后，利用小波算法对实时数据进行优化去噪，并对管道正常操作等作业进行工况区分，再根据已知的负压波传播速度和负压波到达管道首末两端的时间差进行泄漏定位，实现泄漏导致的压力异常捕捉分析判断。

负压波的传播速度在不同的输送介质中有所不同，在液体油中为 1 000～1 200 m/s。

由于管道的波导作用,经过若干时间后,包含有泄漏信息的负压波分别传播到数十千米以外的上下游,由设置在管道两端的传感器获取压力波信号,再经过检测系统的分析处理,根据泄漏产生的负压波传播到上下游的时间差和管内压力波的传播速度估算出泄漏位置。

在输油管道泄漏检测系统中,管道的首、末两端装有两个压力传感器,分别接收管道首、末端传过来的压力值。泄漏点定位原理如图 5-11 所示。设管道长 L,A、B 站为装有传感器的管道首、末端,泄漏点为 C(C 点是管道上任意一点)。设负压波传播速度为 v,管道内流体流速为 v_0,一般 v 比 v_0 大 3 个数量级以上,这样可以认为负压波从首端传到末端的时间同末端传到首端的时间相等[23]。

图 5-11　泄漏点定位示意图

在图 5-11 中,假设泄漏点 C 产生的压力波传到首站(A 点)的时间为 t_A,传到末站(B 点)的时间为 t_B。泄漏点 C 到 A、B 点的距离为 L_{AC}、L_{BC},则有:

$$t_A = \frac{L_{AC}}{v - v_0} \tag{5-14}$$

$$t_B = \frac{L_{BC}}{v + v_0} = \frac{L - L_{AC}}{v + v_0} \tag{5-15}$$

当输油管道出现泄漏时,其首、末两个端点的压力急剧下降,根据两个端点压力传感器所检测到的压力突变的时间差即可估算泄漏位置,如式(5-16)所示,若 t_A 与 t_B 的时间差为 Δt,则有:

$$\Delta t = t_A - t_B = \frac{L_{AC}}{v - v_0} - \frac{L - L_{AC}}{v + v_0} \tag{5-16}$$

$$L_{AC} = \frac{1}{2v}\left[L(v - v_0) + (v^2 - v_0^2)\Delta t\right] \tag{5-17}$$

假设首端泄漏,产生负压波,传到末端,则有 $t_A = 0$,$t_B = \dfrac{L}{v + v_0}$;再假设末端发生泄漏,负压波传到首端,则有 $t_A = \dfrac{L}{v - v_0}$,$t_B = 0$。两个时间差的绝对值为 $|t_A - t_B| = \dfrac{2v_0}{v^2 - v_0^2}L$,因为 $\dfrac{v}{v_0} > 10^3$,由此引起的定位误差在管道长度的 1% 以下,可以忽略 v_0 对 v 的影响,因而式(5-17)可以简化为:

$$L_{AC} = \frac{1}{2v}(L + v\Delta t) \tag{5-18}$$

若测出 Δt,则可由上式计算得到泄漏点 C 与 A 站的距离。

(3)基于神经网络检测法。

神经网络因具有学习能力、自适应性和非线性等优点而被广泛应用。其中基于反向传播(BP,back propagation)学习算法(监督学习)的多层前馈网络,即 BP 神经网络的应用最广泛。神经网络检测法是将输油管道发生泄漏时管道的运行参数,如压力和流量信号作为训练样本,对 BP 神经网络进行训练,建立模型,调整权值,逐渐提升预测精度。然后,实时地将对应的输油管道参数输入已训练好的 BP 神经网络模型,判断输油管道是否发生泄漏。该方法提高了泄漏检测的可靠性,近年来随着实际生产数据的积累、算法模型的优化,检测精度逐渐提高[22-24]。BP 学习算法主要公式如下。

第 p 组样本输入节点 i 时的输出 y_{ip} 为:

$$y_{ip} = f[x_{ip}(t)] = f\Big[\sum_i \omega_{ij}(t)I_{ip}\Big]$$

其中,I_{ip} 为在第 p 组样本输入时节点 i 的第 j 个输入;$f()$ 为作用函数;$\omega_{ij}(t)$ 为网络的权值。

第 p 组样本输入时,网络的目标函数取 L_2 范数:

$$E_p(t) = \frac{1}{2}\|d_p - y_p(t)\|_2^2 = \frac{1}{2}\sum_k [d_p - y_{ip}(t)]^2 = \frac{1}{2}\sum_k e_{kp}^2(t)$$

其中,d_p 为期望输出;$y_{ip}(t)$ 为在第 p 组样本输入时经 t 次权值调整后网络的输出;k 为输出层的第 k 个节点。

网络的总目标函数为:

$$J(t) = \sum_p E_p(t)$$

判别 J 是否满足,$J \leqslant \varepsilon$ 若满足,则学习结束;反之,则进行反向传播,调整权值。其中,ε 为预定的要求范围,取 $\varepsilon > 0$。

权值调整:

$$\omega_{ij}(t+1) = \omega_{ij}(t) - \eta\frac{\partial J(t)}{\partial \omega_{ij}(t)} = \omega_{ij}(t) - \eta\sum_p \frac{\partial E_p(t)}{\partial \omega_{ij}(t)}$$

其中,η 为学习率。

该方法的原理是将输油管道发生泄漏时管道的某些参数如压力和流量信号,作为训练样本,对建立的 BP 神经网络泄漏检测模型进行训练。然后,实时地将对应的输油管道参数输入已训练好的检测模型,由 BP 神经网络判断输油管道是否发生泄漏。然而,BP 神经网络也存在一些不足之处,如局部极小、算法的收敛速度慢等,仍需进一步改进。

5.4.2　管道泄漏检测系统性能评价

建立管道泄漏检测系统,可及时准确地报告泄漏事故发生的时间、位置和强度,及时提醒管理人员采取相关应对措施,减小经济损失和降低环境污染等次生灾害事故的发生。泄漏检测系统的优劣评价可参考以下指标[25,26]。

(1)泄漏检测的灵敏性:系统能够检测出从管道渗漏到管道断裂的全部范围内的泄漏情况,发出正确的报警提示。

(2)泄漏检测的实时性:从管道泄漏开始到系统检测到泄漏的时间要短,以便管道管理人员立刻采取行动,减少损失。

(3)泄漏检测的准确性:当管道发生泄漏后,系统能够准确地检测出泄漏,同时误报警的概率要低,检漏系统可靠性要高。

(4)泄漏定位的准确性:当长输管道发生不同等级的泄漏时,检漏系统提供给管道管理人员泄漏点的位置与管道泄漏点的准确位置之间的误差要小,以便管道维修人员尽快到达泄漏点,对泄漏点进行补封作业,减小损失。

（5）检漏系统的易维护性：系统发生故障时，其装置要容易调整，并能快速维修好。

（6）检漏系统的易适应性：系统能适应不同的管道环境和输送介质，即系统具有通用性。

（7）检漏系统的性价比高：系统的性能与系统建设、运行及维护费用的性价比要高。

参考文献

[1]　赵会军,张青松,赵书华. 输油管道仿真技术及其发展趋势[J]. 新疆石油天然气,2007,3(2):81-85.

[2]　欧阳忠滨,吴长春,艾慕阳. 输油管道仿真技术及其应用[J]. 油气储运,2004,23(8):1-5.

[3]　张国忠. 管道瞬变流动分析[M]. 东营:石油大学出版社,1994.

[4]　李长俊,刘继,陈鑫,等. 迦辽金法在管道不稳定流动分析中的应用[J]. 油气储运,2002,21(4):31-34,58。

[5]　常大海,王善珂,肖尉. 国外管道仿真技术发展状况[J]. 油气储运,1997(10):9-13.

[6]　苏欣,章磊,刘佳,等. SPS 与 TGNET 在天然气管网仿真中的应用与认识[J]. 石油与天然气,2009,27(1):1-3,10.

[7]　王功礼,王莉. 油气管道技术现状与发展趋势[J]. 石油规划设计,2004,15(4):1-7.

[8]　宋艾玲,梁光川,王文耀. 世界油气管道现状与发展趋势[J]. 油气储运,2006,25(10):1-6.

[9]　宫敬,于达,文继军,等. 庆铁输油管道仿真系统[J]. 油气储运,1999,18(11):24-27,63.

[10]　韩志广,宫敬. 兰成渝成品油管道仿真系统的开发[J]. 油气储运,2003(2):20-23.

[11]　王明阳. 天然气长输管道仿真系统的设计[J]. 管道技术与设备,2006(4):23-25.

[12]　熊辉,李建廷. 秦京输油管道仿真培训系统[J]. 油气储运,2005(8):1-4.

[13]　李建廷,祁惠爽,彭世垚,等. 油气管道仿真系统开发与应用研究[J]. 油田地面工程,2007.

[14]　李颖栋,许晖,刘春杨,等. 在线仿真和离线仿真的建模机理[J]. 油气储运,2011,30(3):170-172.

[15]　张其敏. 原油管道工况仿真[J]. 天然气与石油,2002,20(4):7-9.

[16]　QSYBD 59.2—2011[S]　油气管道清管技术规范:第 2 部分　原油管道.

[17]　张健. 管道完整性管理中的智能检测与内腐蚀直接评价方法研究[D]. 成都:西南石油大学,2012.

[18]　石永春,刘剑锋,王永娟. 管道内检测技术及发展趋势[J]. 工业安全与环保,2006(8):46-48.

[19]　李健. 埋地管道防腐层缺陷检测技术的研究[D]. 天津:天津大学,2000.

[20]　杨理践. 管道漏磁在线检测技术[J]. 沈阳工业大学学报,2005,27(5):522-525.

[21]　蒋仕章,蒲家宁. 用动态质量平衡原理进行管道检漏的精度分析[J]. 油气储运,2000,19(2):12-13.

[22]　安杏杏,董宏丽,张勇,等. 输油管道泄漏检测技术综述[J]. 吉林大学学报:信息科

学版,2017,35(4):424-429.

[23]　王文海.基于负压波法的长输油管线泄漏监测与研究[D].南京,南京理工大学,2005.

[24]　吴伟,张世娟.长输油管道泄漏的神经网络检测方法研究[J].石油矿场机械,2008,37(6):23-26.

[25]　陈华波,涂亚庆.输油管道泄漏检测方法综述[J].管道技术与设备,2000(1):38-41.

[26]　夏海波,张来斌,王朝辉.国内外油气管道泄漏检测技术发展现状[J].油气储运,2001,20(1):1-5.

第 **6** 章

原油管道运行管理

原油管道运行管理涉及面较广,从管道建成投产到日常运行均属于其范畴。目前新建长输原油管道多通过中控远控投产,相比以往就地投产管理变化较大、优势明显。长输原油管道顺利投产后日常运行工作的重点是关注安全和优化,尤其是高含蜡原油管道,在安全方面要考虑避免管道蜡堵、凝管等事故,在优化运行方面则侧重加热炉及加剂的优化调整。笔者根据多年的运行经验,通过高含蜡原油管道全线热损对比分析,获得管道优化调整关键点,同时建立单位摩阻对比分析法,监控全线各个管段摩阻变化趋势,实现长周期监控管道摩阻变化,确保管道的安全生产。近年来随着管道完整性管理引入国内,管道运行公司加强重视和发展,国内也逐渐形成了管道完整性管理体系,为管道的管理运行提供了重要支撑,有力保证了管道的安全生产。

6.1　管道投产管理

近年来随着国内能源行业的整体布局,长输原油、成品油管道等配套工程相继建成投产,且随着自控通信水平的提高,长输管道调控模式由 20 世纪的开式流程、现场人员就地操作发展到目前更安全、节能的闭式流程,集中调控的远程操作。操作模式的转变使液体管道投产过程发生较大改变,目前已逐步实现规范化、标准化投产。尤其对集中调控运行的液体管道,形成了以中控为核心的投产组织模式,其中投产前期准备、投产过程管理内容等已实现了统一指挥、集中调配、全线协调的投产程序。明确管道建设、管道运行等部门在投产时及投产成功后的工作界面,细化中控投产人员前期培训及资料准备工作,建立投产过程上下游协调机制,制订工况分析处置方案等,为管道成功投产及稳定运行奠定了基础[1,2]。管道投产前期的自控测试、人员培训及基础资料准备是成功投产的前提,同时投产过程管理流程的完善和技术问题的解决是成功投产的必要条件。目前经过多年的远控投产经验积累,已基本形成比较完善的投产管理体系,对投产过程常见技术问题形成了一定的技术储备[3,4]。

6.1.1　投产前期准备

长输液体管道投产前期准备工作主要包括 SCADA 系统自控测试、基础资料准备、人员培训、管道运行工作界面划分等。

6.1.1.1　自控测试

SCADA 系统搭建是管道远控运行和投产的基本条件。管道投产前期应进行相关测试,主要包括工厂测试(FAT)和现场测试(SAT)工作。利用管道沿线各站、远控阀室相关设备的模拟量和状态量的数据点表、描述、运行范围等数据库内容,按照初步设计、操作原理进行逻辑测试,对人机界面(HMI)的流程和界面进行规划和确认,保证自动化系统和现场设施、设备具备联调条件。主要工作内容如下:

(1)电动阀调试。保证阀门能够正确地完成全开、全关的操作,实现远控与现场阀位状态和动作执行的一致性。

(2)调节阀调试。测试调节阀的状态和比例积分微分控制(PID)命令的执行情况,并根据设计要求对 PID "手动/自动"状态下的各种调节方式进行测试,保证切换过程的无扰动和"手动/自动"调节的准确性。

(3)给油泵和输油泵调试。对输油泵状态和连锁启/停泵、单独启/停泵的连锁逻辑进行测试,对 PID"手动/自动"调节的控制方式进行重点测试,保证投产时输油泵的正常启停和安全运行。

(4)核对各站模拟量,包括量程和报警限值的确认。

(5)全线 RTU 阀室紧急截断阀的远传、开/关命令测试。

(6)全线水击自动保护逻辑程序的调试。对各站进出站阀门事故关断、输油泵站停电和 RTU 阀室截断阀事故关断等事故工况所引起的全线水击保护程序进行测试,确保生产运行时自动化保护系统的正常工作。

在自控测试过程中,管道调控人员应与自控测试人员根据管道操作原理规定,逐项进行自控逻辑测试,制作测试记录单,对阀门开关行程时间做好测试数据记录。

6.1.1.2　基础资料准备

管道基础资料是投产过程及投产成功后安全运行及工况处理的主要依据,除管道设计部门提供的初设、操作原理外,投产及调控人员还需编写完成表 6-1 所示资料。

表 6-1　基础资料需求详单

序　号	资料名称	备　注
1	管道工艺运行规程	评审并发布
2	管道调控操作手册	—
3	管道试运投产方案	评审并发布
4	管道应急预案	—
5	管道仿真报告	对管道投产过程及稳定运行后不同输送工况进行仿真,支撑日常运行,获取运行风险点
6	管道纵断面图	根据高程、里程制作详细纵断面图,图中需标注河流穿跨越、重要风险点等内容
7	管道投产通讯录	包括中控、站控、管道建设方、炼厂、销售公司、监理、设计院、维抢修、设备厂家等

表 6-1 相关资料中,管道试运投产方案主要包括总论、管道工程概况、投产组织机构、投产必备条件及准备、管道投产、HSE 要求、应急预案及相关附件等内容。其中相关附件包括管道工艺流程、工艺安装图、泵特性曲线、主要工艺计算、临时装置安装示意图、投产所需主要物质、备品备件、投产时间安排表、投产前条件确认检查表、水头跟踪记录表、油头跟踪记录表、油品供销协议、水电通信协议、应急预案等内容。

以上基础资料准备完成后,在投产前期按需打印,以供投产过程及日常运行学习及资料查询。

6.1.1.3　人员培训

管道投产主体是投产人员,主要包括中控和站控人员。投产前期管道运行部门需对相关人员完成基础资料、设备资料、SPS 仿真、现场学习等培训,具体培训内容如下:

1）基础资料培训

由设计资料编写人员对调控人员进行管道操作原理、初步设计、运行规程、投产方案、应急预案等方面培训,使其充分了解和掌握管道沿线和站场工艺流程等概况、相关逻辑程序、运行操作工艺,并着重掌握管线河流、人口密集区等穿跨越风险点,牢记管线泄漏等异常紧急工况的应急预案。

2）设备资料培训

设备资料培训主要是由设备厂家对调控人员培训管道主要设备的使用方法、内部结构、工作原理、故障排查等内容。主要包括泵、电机、加热炉、调节阀、减压阀、执行器、线路截断阀、泄压阀、安全阀、超声波流量计、容积式流量计等设备。

3）仿真及现场培训

管道运行单位根据管道基础资料,使用 SPS 等仿真软件开发投产管道仿真系统。利用仿真系统对管道投产过程及投产后运行工况进行仿真模拟,主要包括管线异常停泵、泄漏、进出站阀、干线阀门关断等异常工况的仿真模拟。通过管道仿真系统的模拟演练制订不同阶梯输量下的配泵方案及异常工况的处理,指导投产期间管道控制操作,优化运行方案,并形成管道仿真报告,掌握管道运行控制风险点,摸索投产运行规律,为管道顺利投产和安全运行创造技术条件。

参与投产调控人员,需在投产前期做好现场调研,掌握工程进度、沿线河流沟渠穿跨越和现场设备特性,现场设备主要安装位置及功能等;加强中控与现场人员交流,为投产过程及日常运行沟通协调奠定基础。

6.1.1.4　其他准备

1）生产报表

根据管道投产及日常工作需要,投产前期应编制完成管道生产系统工作报表、管道日常工作报表、启停输操作票等,确定交接班记录格式,确定调度令格式。各项报表主要内容详见表 6-2。

2）SCADA 系统 HMI

SCADA 系统终端对象是操作员工作站的 HMI 画面,主要由系统配置图、工艺流程图、参数一览表、趋势图、报警总览、报警条、设备操作面板等构成。HMI 是调控人员进行管道远程调控操作的媒介,通过 HMI 中设备界面,实现对现场泵、阀门等设备的操作控制,以及对现场压力、流量、温度、密度等参数的有效监控。投产前期需根据表 6-3 中的要求,做好画面分级与图形绘制[5]。

表 6-2　管道生产常用报表及内容

序　号	项　目	内　容	备　注
1	生产系统报表	管道调度日报表	首末站库存、收发油； 站场进出站压力、温度、流量、地温、密度,以及运行泵、加热炉型号
		管道收/输/销油报表	月计划、日均输量、月完成、进度超欠、年累计
		站场库存报表	管道沿线油库罐位及总库存量
2	操作票	管道主要操作	启停输、切泵、增减量、油品切换、分输、注入等
3	交接班记录	供交接班使用	本班管道操作、工艺调整等生产运行情况,设备状况

表 6-3　SCADA 系统 HMI 画面分级

序　号	项　目	内　容
1	一级画面	管网系统综合信息画面,主要有管网总览图、管网综合表等,也称管网级画面
2	二级画面	显示单条或多条管道系统信息的图形或数据表格画面,也称管线级画面
3	三级画面	显示单座站或合建站场的工艺流程、设备状态以及运行参数的图形和表格,也称站场级画面
4	四级画面	显示设备控制、逻辑操作及数据信息的弹出画面,也称面板级画面

调度人员通过使用 SCADA 系统中泵、电动阀门的控制面板,实现对现场泵及电动阀门设备的远控操作。投产前需根据最新设计资料,结合现场设备标号,进行启停、开关等逻辑测试。

3)职责界面划分

投产前期中控应组织管道建设部门、地区公司及上下游相关部门参与投产及运行协调会,确认投产期间及投产运行后的各方应承担的责任和义务,划分各方的工作界面和程序,明确调度指挥的交接内容,并形成管道运行业务沟通协调会议纪要。

6.1.2　投产过程管理及工况控制

6.1.2.1　投产过程信息管理

中控远控投产,具有着眼全线、统筹全局的优势,可有效地分析和发现投产过程中出现的异常工况,协调解决上下游物资、人员问题,有力地促进管道成功投产。而在整个投产过程中,中控和现场投产人员由于掌握的全线信息不对等,不利于上下游的组织协调。对此投产过程信息管理主要以中控为核心,利用短信或其他媒介下发投产过程中重要工况的时间节点、工况操作等,遇到重大的操作,如投产、启停输等需下发相关调度令。

1)调度令

根据投产安排,中控调控人员起草管道投产调度令,其中包括投产时间、具体工作安排等,下发至管道公司、上下游油田、炼厂等。

2）投产信息及简报

根据前期工作准备,整理投产指挥及主要运行人员的投产通讯录。通过短信系统向相关人员发送投产过程中的重要节点信息,如清管器运行位置,水头、油头位置,注水、注油量及里程、重要翻越点等。同时随着通信媒介的发展,在不涉及运行参数秘密的情况下建立微信交流平台,实时播报现场投产进展,加大各方对投产进展的了解。此外,每天8:00形成投产简报,汇总前24 h管道投产进展,形成正式文件上报。

6.1.2.2　投产过程工况控制

管道投产时,沿线设备初次使用,处于不稳定时期,如超声波流量计等设备还需管内充满油品进行调试,工况不可预测,且分析处置难度大,对此需根据以往投产经验的储备,实现管道投产过程的可控及异常工况的快速发现。

1）输量控制

液体管道投产初期沿线无流量参考,投产人员可采用给油泵曲线、泵电流值制定流量控制参考标准,结合现场跟球人员位置反馈进行短时间流量控制对比,同时首站外输罐应尽量选用罐容小的单输油罐,以利于管输油品输量的进一步核算,实现输量可控。随着管道投产过程的推进,若首站启用两台给油泵,则不推荐利用泵曲线进行输量控制。

如果管道投产后存在两个压力远传点,且可基本判断该管段为满管流,应尽快通过清管器、首站储罐液位建立一定流量,计算出该管段摩阻,用以指导整个管道输量。如利用首站罐位和清管器运行速度计算获得管道输量600 m^3/h,A 和 B 两个站间管段摩阻为2 MPa,当该管段摩阻小于2 MPa时,则输量小于600 m^3/h,反之大于600 m^3/h。此外,投产初期为气液界面,出站压力主要与管道高程变化有关,不能用来参考控制出站流量[6,7]。

2）油水界面跟踪与控制

管道投产时油水界面的有效跟踪有利于安排下游污水接收与排放工作,进而减少污水量,降低对环境的压力。实际油水界面跟踪除通过管容计算外,还可根据油水物性差别进行沿线监测,如油水密度和比热容相差较大,可通过泵压力变化和过加热炉油温变化确认油水界面位置。

油水混合物的体积影响因素较多,主要有地形、管道中是否存在气体及不满流现象、停输时间等。尤其若管道沿线起伏较大,形成高点后的空化段、加速段及满流段等三段流体,加大了管内流体的搅拌,增大了混油量[8-11]。投产过程中应尽量在油水界面到达高点前建立背压,减少混油量,同时减小不必要的停输,以确保管道平稳运行。

3）其他工况识别与控制

阀门接线问题:阀门限位开关接线分为上导式和下导式。若接反,可导致阀门开关信号与实际状态相反。投产过程中若存在阀门开关接线调整,应咨询厂家人员明确接线形式,避免接反导致管线发生憋压问题。

管内水柱:管道建设时需使用水进行严密性和强度试压,当试压完毕后通过吹扫排水,但在管道低洼处可能存在水柱,在投产时导致下游长时间无排气现象。对此,投产前应排查管道沿线大型河流的穿跨越,若发生下游长时间无气流现象,应进行工况排查分析。

6.1.3　投产过程注意事项

（1）投产过程中工况发生较多,且多为投产期独有工况,因此应关注报警投用与分析,查看 HMI 总参表中进出站压力设定是否投用,进而及时发现并处置异常工况。

(2) 投产前期现场落实干线阀门旁通是否关闭,避免投产过程中清管器卡阻。

(3) 投产过程中需详细记录各重要工况节点、异常工况事件等,多截屏并做好详细事件备注。

(4) 液体管道中控投产调度应具有全局观、整体观,需从整体分析各种工况,避免仅仅着眼于异常点的片面分析。

(5) 梳理投产设备等遗留问题,汇总投产过程中重要时间节点及异常事件记录,并最终形成投产总结。

(6) 热油管道投产时,管道进油前需要用热水对管道沿线进行预热,建立一定的温度场,减少热油进入管道时热油与沿线土壤的温差,增加管道的投产安全性。

6.2　输油管道的完整性管理

管道的完整性管理是一种以预防为主的管理模式,指管道管理者为保证管道的完整性而进行的一系列管理活动,主要针对管道面临的风险因素等进行识别和评价,实施各种针对性风险减缓措施,将风险控制在合理、可接受的范围内,使管道始终处于安全可控的服役状态,达到减少管道事故、经济合理地保证管道安全运行的目的。完整性管理的实质是评价不断变化的管道系统的风险因素,并对相应的管理与维护活动做出调整优化。近年来,管道安全生产越来越受到重视,管道运行公司对完整性管理投入力度不断加大,从管道设计到最后的运行阶段逐渐形成完整性管理体系[12]。

6.2.1　管道完整性概念

管道完整性(pipeline integrity management,简称 PIM)是指:

① 管道始终处于安全可靠的工作状态;

② 管道在物理上和功能上是完整的,管道处于受控状态;

③ 管道运行公司已经采取了措施,并将不断采取行动防止管道事故的发生;

④ 管道完整性与管道的设计、施工、运行、维护、检修和管理的各个过程是密切相关的。

管道的完整性管理定义为:管道公司根据不断变化的管道因素,对管道运营中面临的风险因素进行识别和技术评价,制定相应的风险控制对策,不断改善识别到的不利影响因素,从而将管道运营的风险水平控制在合理的、可接受的范围内。建立监测、检测、检验等各种技术手段,获取与专业管理相结合的管道完整性信息,对可能造成管道失效的主要威胁因素进行检测、检验,据此对管道的适用性进行评估,最终达到持续改进、减少和预防管道事故发生、经济合理地保证管道安全运行的目的。管道完整性管理是一次管道管理的重大变革,是从传统事故应对式管理模式到预防性管理模式的转变。IT 和相关评价技术的发展是保证科学合理地进行预控的关键。

管道完整性管理也是对所有影响管道完整性的因素进行综合的、一体化的管理,包括但不局限于[13]:

① 拟订工作计划、工作流程,以及工作程序文件、作业文件;

② 进行风险评价,了解事故发生的可能性和将导致的后果,指定预防和应急措施;

③ 定期进行管道完整性检测与评价,了解管道可能发生的事故及其原因和部位;

④ 采取修复或减缓失效威胁的措施;

⑤ 培训人员,不断提高人员素质。

油气管道完整性管理不是一种全新的技术,它是对原有的管道管理的总结提炼与拔高。油气管道的完整性管理技术是继可靠性管理技术、风险管理技术之后更高层次、更全面的管理和综合性技术。它包含很多系统工程含义,反映当前管道安全管理从单一安全目标发展到优化、增效、提高综合经济效益的多目标趋向,是石油与天然气等设施生产管理技术的发展方向。

油气管道实施完整性管理要遵循下述原则:

① 从管道设计、施工至投产后正常运行,管理中应融入管道完整性管理的理念和做法;

② 结合管道的特点,通过周期性的评价和修订来适应管道操作系统、运行环境及管道系统本身输入资料信息的变化,实现动态管理;

③ 整合利用所有与管道完整性管理相关的信息,评估识别风险隐患,进行风险评价;

④ 利用有效的、合适的新技术,更好地研究管道系统潜在的最大危险;

⑤ 建立有效的完整性管理程序。该程序必须标明运营者的组织、运营过程及操作系统,并需要对所有操作人员实施不定期的培训,以培养合格的操作人员。

管道完整性管理是一个与时俱进的连续过程,管道的失效模式是与时间相关的。腐蚀、老化、疲劳、自然灾害、机械损伤等能够引起管道失效的多种过程随着岁月的流逝不断侵害管道,必须持续地对管道进行风险分析、检测、完整性评价、维修,以及进行人员培训等完整性管理。管道完整性管理是指对所有管道完整性的因素进行综合的、一体化的管理。

6.2.2　管道完整性数据与管理流程

管道完整性管理体系体现了安全管理的组织完整性、数据完整性和管理过程完整性及灵活性的特点。需要从数据收集、整合、数据库设计、数据管理、升级等环节,保证数据完整、准确,为风险评价、完整性评价结果的准确、可靠奠定重要基础。

管道完整性管理的六步循环(即数据收集与整合、高后果区识别、管道风险评价、管道完整性评价、维修/维护及效能评价,关系详见图 6-1)是管道完整性管理的核心技术和关键组成部分。从数据角度看这六步循环完全是以管道完整性数据库为核心对数据进行采集、存储、分析、发布的过程。数据的完整性是管道完整性管理的基础,数据的准确性制约着完整性的后续流程分析与结果评价。完整性管理的各个流程循环都是以数据为依据的,数据推动着完整性工作流的不断开展,保证完整性管理的顺利实施。

首先,针对完整性管理中高后果区、风险评价、完整性评价的数据需求制订相应的数据采集计划,满足后续的分析与评估需要。不同环节对数据的需求各不相同,比如完整性评价侧重于内外检测的数据,高后果区侧重于环境数据的采集,风险评价除了考虑环境数据外,还要结合管道本体数据做分析,这样才能因危害类型不同确定出反映管道状态和可能存在危害影响的信息,以便了解管道的状况并识别对管道完整性构成威胁的管段。其次,数据存储环节基于 APDM(arc gIS pipeline data model)管道数据模型建立数据库,通过数据库组织、存储多时项、多比例尺、多数据类型的管道数据,维护管道数据之间的关系。完整性数据库包括大量的遥感影像、专题地图、设计施工数据、运行维护数据、检测及监测数据、修复数据、环境和地理信息、生产运行历史以及事件和风险数据等。合理地组织存储这些数据并维护数据更新,是数据存储环节的重点。数据分析是在前期大量数据采集的基础上,合理地运用高后果区分析、风险评价、完整性评价的技术对数据进行分析。最后,通过互联网将相关的评价结果、完整性修复计划等信息发布,以达到数据共享,驱动完整性工作循环进行的目的。

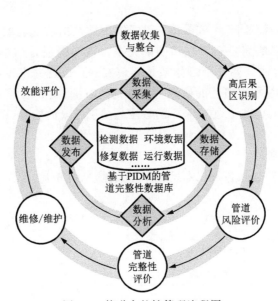

图 6-1 管道完整性管理流程图

6.2.2.1 数据采集内容

从完整性管理角度来看,数据包含以下内容:

(1)管道中心线及管道设施数据。

管道中心线及管道设施数据是指包括管道中心线在内的从设计、施工到运行的干线、支线上所有管道设施数据,比如钢管信息、防腐层、弯头、阀。管道中心线及管道设施的地理位置需要由专业的测绘部门进行测量,而其他管道设施相关属性数据需要从各种相关施工资料、竣工资料中提取。

(2)管道检测数据。

管道检测数据是指金属损失、裂纹、管体变形、焊缝缺陷、防腐层缺陷等各种管道缺陷数据。这部分数据是完整性评价的重要参考数据,主要来自管道的内、外检测报告。这些报告按照管道完整性管理需求,通过资料数字化的方式导入数据库中存储。

(3)管道失效数据。

管道失效数据是指由于自然原因和人为原因造成的各种事故数据,包括地质灾害、第三方破坏、误操作引发的事故。这部分数据主要来自各种管道抢险、大修记录。这些修复记录按照管道完整性管理需求,通过资料数字化的方式导入数据库中存储。

(4)管道运行数据。

管道运行数据是指管道在运行期间产生的各种数据,包括温度、压力、保护电位、自然电位等。

　　(5)管道沿线环境数据。

　　管道沿线环境数据是指管道周边包括断层、地震带、建筑物、公路、铁路、河流、三穿、水工、建筑物等在内的环境数据。这部分数据是高后果区(high consequence area,HCA)分析和风险评价的重要参考数据。地理位置信息通过高精度遥感影像数据矢量化提取,属性数据需要专业测量公司和管道运营公司共同完成。

　　(6)站场数据。

　　站场数据采集内容不同于干线数据。站场完整性是指站场区域和设备在物理上是没有缺陷的,通过物理上的完整来实现功能的完整。现实情况是站场中设备众多、特性各异,完全套用管道本体的完整性管理体系是不现实的。但这并不说明站场的完整性是无章可循的。目前关于站场完整性的研究主要分两个方面:站场区域完整性管理(QRA)和站场设备完整性管理(AIM)。主要采用的方法是基于风险的检验(RBI)、以可靠性为中心的维护(RCM)、安全完整性等级(SIL)。

　　(7)基础专题数据。

　　基础专题数据主要包括各种比例尺的专题数据,见表6-4。

表6-4　基础专题数据

序　号	数据内容	范　围
1	1:4 000 000基础数据	全国范围
2	1:250 000基础数据	全国范围
3	1:50 000基础数据	覆盖管道两侧15～25 km、数字高程模型(DEM,digital elevation model)
4	1:5 000基础数据	覆盖管道两侧2.5 km

　　(8)遥感影像数据。

　　遥感影像数据是指管道两侧各2.5 km范围内高精度光栅格式的影像,这是提取管道周边基础地形、地貌、主要公共设施、建筑物、公路、铁路、河流等数据空间位置信息的重要来源。影像数据主要包括卫星影像和航空影像,见表6-5。

表6-5　遥感影像数据

序　号	数据内容	精度范围	费　用
1	卫星影像	0.61～2.5 m	高
2	航空影像	0.3～0.5 m	很　高

6.2.2.2　数据采集时间

　　管道数据采集一直贯穿管道从设计、建设、投产到运行的整个过程,不同时期针对不同的数据,采集侧重点不同,具体见表6-6。

表 6-6　管道完整性数据采集时间表

序　号	数据采集内容	设计期	建设期	投产期	运行维护期
1	管道中心线（桩、阀室、站场边界）		●	▲	▲
2	干线设施（钢管信息、弯头、三通、阀）	●	★	★	★
3	阴极保护（保护电位、自然电位）				●
4	占压（违章建筑、外部管道）		●	★	★
5	内检测				
6	外检测			●	★
7	修　复		★	★	★
8	三　穿	●	★	▲	▲
9	水工保护	●	★	▲	▲
10	沿线环境（公路、铁路、河流、气候、土壤）	●	★	▲	▲
11	运行数据（温度、压力）			●	★
12	事故、失效数据		★	★	★

注：●最佳采集时期；▲可以采集，但麻烦；★需要数据更新后采集。

国家管网近年来重视管道完整性管理应用等工作[14]，围绕建设国际化管道公司的战略目标，建立了一套统一的、覆盖公司管道完整性管理业务、适应未来业务发展、集成的管道完整性管理信息化平台，规范了分散、不一致的管理模式，提高了完整性管理计划、执行等方面的管理水平，以及管道运行安全水平，降低了管道风险及运行、维护成本，推进了企业从传统管理模式向现代化管理模式的跨越发展，满足了专业公司、地区公司、分公司、站队 4 个层次的完整性管理需求，实现了以下目标：

① 高效管理管道完整性信息；

② 全面集成管道完整性管理技术；

③ 科学制订完整性管理计划，优化检测、维护和维修的资金投入；

④ 统一规范管道运维，切实提升管道安全管理水平。

管道完整性管理系统的应用架构、软件功能架构及数据架构如图 6-2～图 6-4 所示。

6.2.3　管道完整性现状与不足

长输管道距离长、跨度广、数据资源的多样性和变化性使数据管理成为一项艰巨繁重的工作。管理者除了要掌握管材、埋深、涂层及站场等管道本体数据信息外，还必须时刻掌握管道的输送介质、压力、温度、阴保、事故等动态信息，以及管道沿线人口、建设、环境等与完整性相关的必要外部信息。大量的数据信息、多种多样的数据格式，部门分工和地域造成的数据分散和孤立，数据更新与保存不同步等都成为制约完整性管理的重要因素。

目前数据的现状：大量关键的完整性数据以各种各样的方式存在，形成"信息孤岛"。在数据应用时存在以下问题：

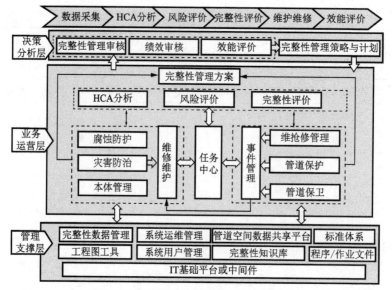

图 6-2　管道完整性管理系统的应用架构

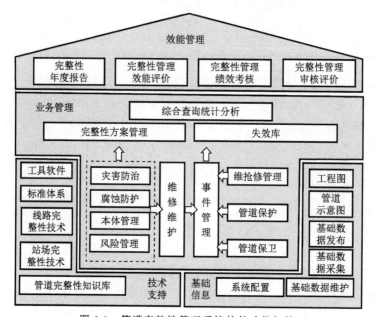

图 6-3　管道完整性管理系统软件功能架构

① 存在多种格式的数据；
② 数据分布在各个相对独立的地区或部门，相互之间缺乏共享；
③ 缺乏排列和比较相关数据的工具或方式；
④ 对数据的保存与控制没有清晰的程序；
⑤ 数据更新时缺乏快速、有效、先进的方法；
⑥ 现场采集数据的工具功能较低。

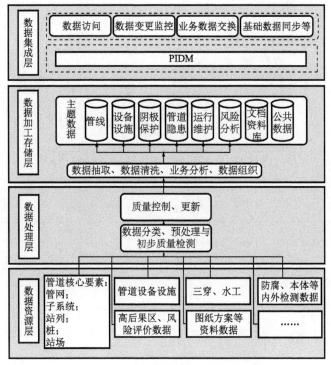

图 6-4 管道完整性管理系统数据架构

6.3 原油管道的运行分析

根据所输油品物性的不同,原油管道日常管理侧重点差别较大。若所输油品物性好(含蜡少、凝点低、黏度小),全年可采用常温输送,管理侧重点主要在于根据计划安排完成输油任务,同时做好设备维护,根据年计划做好清管作业等。若管输高含蜡原油,以国家管网所运行的某原油管道为例,该管道主要外输长庆油田高含蜡原油,含蜡量高达 7%,凝点为 18 ℃,根据管道沿线不同季节的地温采取常温、加热、热处理及加剂综合热处理等 4 种运行方式,在管道安全及运行优化上存在较大的不确定性。因此,日常运行管理中需根据管输油品特点制定相应的管理措施,以保证管道安全生产。

管道日常运行中需重点关注摩阻和沿线油温,既保证管道的安全生产,也兼顾节能优化。而管输高含蜡原油时,长周期变化的管壁结蜡导致管输效率低,若不经常进行热洗或清管,则可导致蜡晶长期沉积,给未来清管及内检测造成较大风险隐患。同时对于管道优化运行的油温控制,沿线热站较多,加热炉功率各不相同,若单纯考虑下游进站油温高于凝点 3～5 ℃,则很难控制和评价管道节能成果。对此,在管理上可使用全线热损失及单位摩阻对比方法,实现对高含蜡原油管道摩阻的长周期、有效监控。

6.3.1 全线热损分析

长输热油管道上游站场出站油温较高,经过沿线热损失后到达下游站场油温变低,即存在温差变化,将沿线各个管段的温差相加即可获得全线热损失。通过对比不同年份的全线热损失,可发现各个时间段管道的油温控制特点,结合沿线油温,进而指导管道优化运行控制。如某热油管道 2012—2014 年 3 年全线热损趋势图如图 6-5 所示,能耗数据见表 6-7。

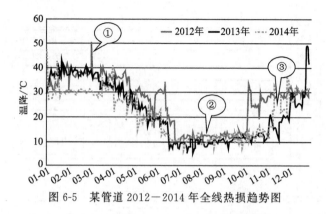

图 6-5　某管道 2012—2014 年全线热损趋势图

表 6-7　某管道 2012—2014 年能耗数据

年　份	全线热损/℃	热损降低率/%	生产单耗 /[kgce·(10⁴ t·km)⁻¹]	生产单耗降低率/%
2012	9 579	—	150	—
2013	8 045	16.0	145	3.3
2014	7 731	3.9	95.7	34.0

注：kgce，千克标准煤。

由表 6-7 可知，根据加热炉功率不同，通过调整加热炉启炉站场，控制下游进站油温高于凝点 3～5 ℃，在节能优化上获得突破，2014 年全线热损明显低于前两年，尤其 1—3 月份，10 月、11 月，全年生产单耗为 95.7 kgce/(10⁴ t·km)，相比 2013 年降低 34%。针对全线热损趋势图分析可清楚地获得管道加热炉相关操作，如图 6-5 中标识①所示，其全线热损有较大凸起，说明采取管线热洗操作。同时还可以根据趋势图获得节能降耗控制点，如图中标识②所示，该管道处于常温输送，全线热损 10 ℃，从热力上节能空间较小，若想在该时间段节能，可考虑采用减小管线节流等措施，减少电力消耗。由标识③可知 2013 年比 2014 年全线热损小，未来加热炉运行可参考 2013 年启炉方案进行工艺调整。

6.3.2　单位摩阻分析

高含蜡原油管道，因沿线油温变化较大，在油温低于析蜡点温度时，管壁与油品存在温差，使得油品在管壁结蜡，导致有效管径变小，沿线摩阻增大，此现象变化时间较长，短时间无法发现并评价。对此，采集每天的各个管段沿线摩阻数据，并转化成统一标准即单位摩阻，通过对比分析，获得各个管段的结蜡情况，确定析蜡高峰油温区间，进而指导管道热洗及清管作业[15]。例如，对 2013 年某原油管道 1—4 月，6—10 月及 11—12 月 3 个时间段，全线 3 个站间管段进行计算，获得其单位摩阻对比曲线图，如图 6-6～图 6-8 所示。

表 6-8 为某管道 2012 年不同月份进出站平均油温，可以反映出管道沿线站场启炉状态。由表 6-8 及图 6-6 可知，3# 站至末站管道随着时间推移沿线单位摩阻由 1 月 1 日的 3.6 MPa/(100 km) 涨至 3 月 4 日的 6.5 MPa/(100 km)，在此期间管线油温变化不大，其影响摩阻变化的主要因素为管壁结蜡导致管径变小。3 月 4 日 3# 站启炉热洗之后该管段摩阻迅速下降，但当停止热洗后其摩阻又快速增长。可见，对于管输油品，析蜡高峰区间为 25～32 ℃。

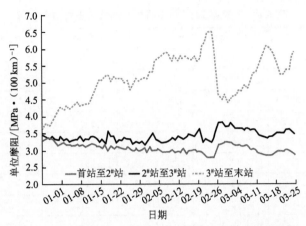

图 6-6　某原油管道 2013 年 1—4 月站间单位摩阻趋势图

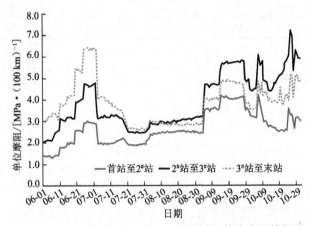

图 6-7　某原油管道 2013 年 6—10 月站间单位摩阻趋势图

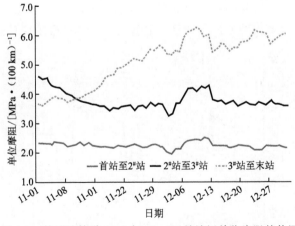

图 6-8　某原油管道 2013 年 11—12 月站间单位摩阻趋势图

表 6-8　某管道 2012 年不同月份进出站平均油温(℃)

月　份	首站出站	2# 进站	2# 出站	3# 进站	3# 出站	末站进站
1　月	60.1	45.7	46.9	32.2	32.2	25.6
2　月	61.6	46.7	47.9	32.6	32.7	25.4
3　月	61.0	48.8	47.8	32.9	34.0	26.3
4　月	62.0	48.0	49.0	34.0	34.0	27.58
5　月	54.0	45.0	43.9	34.0	33.0	27.8
6　月	50.4	40.4	40.5	31.2	31.1	27.0
7　月	37.2	32.7	32.9	28.2	28.0	25.9
8　月	37.1	32.3	32.6	27.5	27.4	25.1
9　月	37.5	33.1	33.6	28.5	28.4	25.7
10　月	49.5	39.0	39.0	30.3	30.1	25.8
11　月	53.0	40.5	40.9	29.8	29.7	24.7
12　月	52.3	38.8	39.5	27.7	27.4	22.4

由图 6-7、图 6-8 可知,该原油管道 7 月份进入夏季运行首站停炉后,3 个管段的摩阻差逐渐减小,管道沿线油温均处于析蜡点以下,管线运行期间沿线各个管段均出现管壁结蜡现象,其中以 2# 站至 3# 站管段最为严重,导致在 8 月上旬该管段单位摩阻高于 3# 站至末站管段,即油温在 27～32 ℃之间,油品在 2# 站至 3# 站管段结蜡导致其所含蜡分子减少,3# 站至末站管段虽然油温低,也处于油品结蜡高峰,但因其所含蜡分子少,管壁结蜡厚度低于上一管段。10 月份该管道启炉后至 11 月上旬 2# 站至 3# 站管段摩阻始终高于 3# 站至末站管段,主要因夏季常温输送导致该管段结蜡,管径变小,摩阻增大,首站启炉后至 11 月上旬该管段管壁结蜡才逐渐溶解。11 月中旬之后 3# 站至末站管段由于管壁结蜡和油温降低,摩阻迅速升高,并与年初压力趋势相似。

通过以上分析获得该原油管道沿线析蜡高峰区间为 27～32 ℃,工艺调整如启炉热洗对沿线摩阻的影响较小,若想短时间降低管线沿线摩阻,启炉热洗效果较慢。日常运行过程中,另一个减小管线摩阻的方法是清管。清管前后的单位摩阻详见图 6-9。

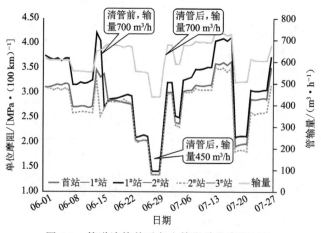

图 6-9　管道清管前后各个管段单位摩阻对比

通过图6-9可知,清管前管输量为 700 m^3/h,$2^\#$ 站至 $3^\#$ 站管道单位摩阻最高达到4.3 MPa/(100 km),其余管段均为 3.5 MPa/(100 km),三个管段相差较大。清管后管输量为 700 m^3/h,三个管道单位摩阻基本相同,均为 3 MPa/(100 km)。当管输量为 450 m^3/h 时,三个管段单位摩阻均为 1.4 MPa/(100 km)。由此可见,该管道三个管段清管后单位摩阻基本相同,对此可建立摩阻基准,通过优化算法获得合理的清管周期,实现安全经济运行。

通过全线热损分析及单位摩阻可以对比优化管道加热炉启停工艺调整方案,实现节能降耗。利用单位摩阻对比分析,实现长周期摩阻变化监控,获得管道沿线摩阻变化较快管段及析蜡高峰期温度区间,建立不同输量摩阻基准,通过优化算法计算得到安全经济的清管周期,即实现了管道安全生产监控,满足了优化运行需求。

参考文献

[1]　张增强. 兰成渝成品油管道投产技术[J]. 油气储运,2004,23(6):32-35.

[2]　许玉磊,翟培军,郭凯. 兰郑长成品油管道投产方式研究[J]. 管道技术与设备,2015 (2):75-77.

[3]　许琛琛,付璇,付国庆. 液体管道投产充水段长度及油水混合体积计算方法研究[J]. 辽宁石油化工大学学报,2015,35(2):42-45.

[4]　丁俊刚,王中良,刘佳,等. 兰成原油管道投产实践[J]. 油气储运,2015,34(11):1198-1201.

[5]　中国石油天然气集团公司标准化委员会天然气与管道专业标准化技术委员会. 油气管道监控与数据采集系统通用技术规范:第6部分　人机画面:Q/SY 201.6-2015 [S]. 北京:石油工业出版社,2015.

[6]　马海峰,游泽彬,许琛琛,等. 热油管道投产临时输水设施及预热介质用量[J]. 油气储运,2013,32(12):1363-1366.

[7]　高宏洋,王鹏,张昊,等. 兰郑长成品油管道投产运行问题[J]. 油气储运,2010,29(12):952-954.

[8]　甄洁,张茂林,尚增辉,等. 三塘湖输油管道大落差地区的水击保护[J]. 油气储运,2013,32(1):101-104.

[9]　宫敬,严大凡. 大落差管道下坡段不满流流动特性分析[J]. 石油大学学报,1995,19(6):65-71.

[10]　张楠,宫敬,闵希华,等. 大落差对西部成品油管道投产的影响[J]. 油气储运,2008,27(1):5-8.

[11]　于涛,顾建栋,刘丽君,等. 石兰原油管道投产异常工况与解决措施[J]. 油气储运,2011,30(10):758-760.

[12]　于涛,孙法峰,沈亮,等. 高含蜡原油管道沿线摩阻分析[J]. 石油规划设计,2015 (2):7-10.

[13]　《管道完整性数据管理技术》编委会. 管道完整性数据管理技术[M]. 北京:石油工业出版社,2011.

［14］　袁泉. 管道完整性数据管理的研究与设计［D］. 西安：西安科技大学，2010.

［15］　中国石油天然气股份有限公司管道分公司. 管道完整性管理系统技术总结报告［EB/
　　　　OL］.［2016-03-18］. https://wenku. baidu. com/view/c33ed1dd0740be1e640e9a1a. html?
　　　　sxts＝1524380500254.